# Node.js开发实战

Node.js 8 the Right Way

［美］ Jim R. Wilson  著

梅晴光 杜万智 陈琳 纪清华 段鹏飞 译

华中科技大学出版社
中国·武汉

## 内 容 简 介

Node.js 是基于 Chrome V8 引擎的 JavaScript 运行环境,它采用事件驱动、非阻塞式 I/O 模型,具有轻量、高效的特点。Node.js 工作在前端代码与数据存储层之间,能够提高 web 应用的工作效率和响应速度。本书以最新版 Node.js 为基础,从实际案例出发讲解 Node.js 的核心工作原理和实用开发技巧,既注重实用性又具有深度,适合 JavaScript 程序员进阶学习。

Node.js 8 the Right Way © 2018 The Pragmatic Programmers, LLC. All rights reserved.

湖北省版权局著作权合同登记　图字:17-2018-315 号

图书在版编目(CIP)数据

Node.js 开发实战 /(美)吉姆·威尔逊(Jim R. Wilson)著;梅晴光等译. —武汉:华中科技大学出版社,2018.11
 ISBN 978-7-5680-4766-1

Ⅰ.①N… Ⅱ.①吉… ②梅… Ⅲ.①JAVA 语言-程序设计 Ⅳ.①TP312.8

中国版本图书馆 CIP 数据核字(2018)第 249557 号

Node.js 开发实战　　　　　　　　　　　　　　　　　　　　　　　[美]Jim R. Wilson 著
Node.js Kaifa Shizhan　　　　　　　　　　　　　梅晴光　杜万智　陈琳　纪清华　段鹏飞 译

策划编辑:徐定翔
责任编辑:徐定翔
责任监印:赵　月

出版发行:华中科技大学出版社(中国·武汉)　　电话:(027)81321913
　　　　　武汉市东湖新技术开发区华工科技园　　邮编:430223

录　　排:华中科技大学惠友文印中心
印　　刷:湖北新华印务有限公司
开　　本:787mm×960mm　1/16
印　　张:19.5
字　　数:447 千字
版　　次:2018 年 11 月第 1 版第 1 次印刷
定　　价:99.90 元

本书若有印装质量问题,请向出版社营销中心调换
全国免费服务热线:400-6679-118　竭诚为您服务
版权所有　侵权必究

# 前言
Preface

近年来,软件开发领域发生了两大变革,Node.js 都处在变革的最前沿。

第一,异步编程技术应用越来越广泛。不论是等待大数据计算任务的完成,与客户端交互,操控无人机,还是响应 API 请求,你都会用到异步编程技术。

第二,JavaScript 运行环境已经成为通用的代码执行环境,它无处不在。浏览器、NoSQL 数据库、机器人、服务器中都能运行 JavaScript。

Node.js 已成为这两大变革不可或缺的组成部分,并且发挥了巨大作用。

## 为什么写这本书
Why Node.js the Right Way

让我们把时间拨回到 2010 年 3 月,我在波士顿 NoSQL 会议上做了一个主题为"全栈 JavaScript"的小分享。那时我就意识到可以使用 JavaScript 实现系统架构中的所有技术栈,同时大幅降低系统的复杂度。

如果系统中所有部分都是使用 JavaScript 实现的,那么你将很容易解决系统匹配问题,轻松实现代码复用。Node.js 将成为连接前端用户界面和数据存储层的重要一环。

本书内容既包含了 Node.js 入门知识,又涵盖了 Node.js 程序开发的深入实践。

## 学习 Node.js

像所有快速兴起的技术一样，Node.js 也有大量学习资源。遗憾的是，其中大部分都只是针对 web 应用的。

web 应用有非常广泛的影响，但它不是 Node.js 的全部。Node.js 不局限于提供 web 服务，本书将会介绍它在更多领域的应用。

无论你面对什么类型的需求，本书都会提供你所需要的知识，让你成为高效的 Node.js 程序员。

## 使用 Node.js

我喜欢 JavaScript，它有多种实现方式。开发者有很大的空间可以探索和实验，找到最佳的实现方式。

Node.js 开发社区、Node.js 开发规范，甚至 JavaScript 语言本身都在快速发展，本书的示例代码和开发建议都是基于当前的最佳实践，同时也充分考虑到未来可能发生的变化。

# 本书内容
## What's in This Book

本书针对的读者是想学习 Node.js 异步编程的中级开发者和高级开发者。阅读本书之前最好掌握一些 JavaScript 的知识，但不必精通。全书分为三个部分，在此先简单介绍这三部分的内容。

### 第一部分：开始接触 Node.js

第一部分（第 1 章至第 4 章）讲解 Node.js 的基础知识。你会学着写一些 Node.js 代码，使用原生的核心模块和外部模块实现一些简单功能，例如：与文件系统进行交互、启动子进程、管理网络连接，等等。

第 1 章介绍 Node.js 中的事件循环以及为什么 Node.js 能够在单线程的前提下支持高并发场景。本章还简要介绍了在后续章节中会提及的 Node.js 开发中的五个方面，以及如何安装 Node.js。

在第 2 章你会写更多的 Node.js 代码。如果你之前开发过服务端程序，那么应该接触过文件的读/写。我们将从这个常见需求出发，使用 Node.js 的文件模块创建异步的、非阻塞的文件处理工具。我们也会使用 Node.js 中非常常用的 `EventEmitter` 和 `Stream` 类处理数据，还会创建子进程并与之进行通信。

第 3 章详细阐述了 Node.js 的网络 I/O 开发。我们会开发 TCP 服务器，并创建一个与服务器通信的客户端。还会开发一个自定义类来发送消息，它的消息遵循基于 JSON 格式的消息通信协议。我们会使用 Node.js 中非常流行的测试框架 Mocha 开发单元测试。

第 4 章将把注意力转向第三方框架。你将会学习使用 npm 引入高效率低延迟的网络应用开发库 ØMQ（读作"Zero-M-Q"）。你将会学习使用 ØMQ 开发基于发布-订阅模式和请求-应答模式的网络应用，创建一系列互相配合的程序，还会学习进程管理工具。

## 第二部分：数据处理

第二部分（第 5 章、第 6 章）学习如何操作数据，为端到端的应用打好基础。先从处理数据文件开始，使用易于测试的方式处理数据。还会学习使用 Node.js 开发命令行工具，以及如何与 HTTP 服务进行交互。

第 5 章将启动一个贯穿第二部分和第三部分的项目。从一个叫 Project Gutenberg 的电子书在线服务下载代码。使用 Cheerio 模块解析数据文件和提取重要字段。使用 npm、Mocha，以及 Chai 断言库来搭建集成测试环境，还会学习使用 Chrome 浏览器的 DevTools 开展交互式的调试。

第 6 章学习将 Project Gutenberg 数据导入 Elasticsearch 索引。你将会使用到 Commander 模块开发一个叫 `esclu` 的命令行工具来完成数据的导入。由于 Elasticsearch 是基于 JSON 的 RESTful 数据存储，所以你将会使用 Request 模块与它进行交互，还会使用 `jq` 这个非常强大的命令行工具来处理 JSON。

## 第三部分：从头开始创建应用程序

第三部分（第 7 章至第 9 章）把之前学习的知识综合起来开发一个 web 服务，这个服务处理从 API 调用到后端数据服务之间的逻辑。终端用户不直接发起 API 请求，所以需要实现一个美观的用户界面。最后实现 session 管理和认证，使用它把界面和 web 服务结合起来。

Node.js 完美支持 HTTP 服务的开发,第 7 章讲解这方面的知识。使用 Express 做路由(Express 是一个非常流行的 Node.js web 框架)。深入阐述 REST 语义,并讲解如何使用 Promise 和 async 函数组织异步代码。最后学习使用 nconf 模块配置服务,使用 nodemon 模块维持服务运行。

第 8 章学习前端界面的开发。使用 webpack 将前端项目打包(webpack 是基于 Node.js 的构建工具)。使用 TypeScript 将代码转换成可以在浏览器执行的代码。TypeScript 是微软开发的一种语言,具有类型检查的特性,它提供的转译器可以将 TypeScript 转译成 JavaScript。

第 9 章把用户界面和 web 服务连接起来,形成一种端到端的解决方案,使用 Express 中间件实现身份认证 API 和有状态的 session。学习使用 npm 的 `shrinkwrap` 选项保证系统不会受依赖模块更新的影响。

第 10 章讲解 Node-RED 智能可视化编辑器的用法,在 Raspbian 树莓派操作系统上设计和开发基于事件的应用程序。学习使用 Node-RED 快速开发 HTTP API。

附录 A 和附录 B 分别介绍 Angular 开发环境和 React 开发环境的设置,并学习通过 webpack 把它们跟 Express 整合起来。

## 本书不包含的内容
What This Book Is Not

开始读本书之前,你应该知道哪些内容不会出现在本书里。

### Node.js 百科全书

现在 npm 仓库里有超过 528000 个模块,而且以每天 500 个的速度在增加。Node.js 社区非常大,并且在高速增长,本书不可能包含所有这些内容。

书中提到的 Node.js 与非 Node.js 服务之间的调用非常复杂,我们的示例程序会涉及处理多个系统和用户之间的互相调用,涉及许多前后端技术。我们会简要介绍这些技术,让大家了解其全貌,但不会做太深入的探讨。

## MEAN

本书不会专门介绍特定的技术栈，例如 MEAN[1]（Mongo、Express、Angular、Node.js）。我们把注意力放在 Node.js 的学习和使用上。

我选择 Elasticsearch 而不选择 MongoDB 做数据库。据 RisingStack 在 2016 年的一份调查报告显示，Elasticsearch 在资深 Node.js 开发者中越来越流行[2]。

本书也不讲解前端框架。目前最流行的两个前端框架是 Facebook 的 React[3] 和 Google 的 Angular[4]。大家自己可以多关注这两个框架。

## JavaScript 初学者指南

JavaScript 语言可能是当今最被误解的语言。虽然我们偶尔会讨论 JavaScript 语法（尤其是 ES6+ 语法），但本书不是 JavaScript 初学者指南。你需要掌握 JavaScript 的基本语法，比如你应能读懂下面的代码，能够理解其中的逻辑。

```
const list = [];
for (let i = 1; i <= 100; i++) {
  if (!(i % 15)) {
    list.push('FizzBuzz');
  } else if (!(i % 5)) {
    list.push('Buzz');
  } else if (!(i % 3)) {
    list.push('Fizz');
  } else {
    list.push(i);
  }
}
```

细心的读者会发现，这是 Jeff Atwood 在 2007 年提出的经典编程题 FizzBuzz[5] 的答案。下面是另一个版本的答案，其中使用了更高级的 JavaScript 新特性。

```
'use strict';
const list = [...Array(100).keys()]
  .map(n => n + 1)
  .map(n => n % 15 ? n : 'FizzBuzz')
  .map(n => isNaN(n) || n % 5 ? n : 'Buzz')
  .map(n => isNaN(n) || n % 3 ? n : 'Fizz');
```

---

[1] http://www.modulecounts.com/
[2] https://blog.risingstack.com/node-js-developer-survey-results-2016/
[3] https://facebook.github.io/react/
[4] https://angularjs.org/
[5] https://blog.codinghorror.com/why-cant-programmers-program/

如果你看不懂上面这段代码也没关系，本书会讲解如何使用这些新特性。

**给 Windows 用户的小提示**

本书的示例代码是针对 Unix 操作系统编写的，我们使用标准输入/输出流，标准的数据传输方式，shell 脚本都在 Bash 中测试通过，也能在其他 shell 命令行工具运行。

如果你使用 Windows 操作系统，我建议你安装 Cygwin[6]，或者运行 Linux 虚拟机，这样可以尽量保证示例代码正常运行。

## 示例代码和格式约定
Code Examples and Conventions

本书包含 JavaScript、shell 脚本和 HTML/XML 代码，大部分情况下，示例代码都可以在运行环境下直接执行。Shell 命令行语句以 $ 开头。

本书会讲解如何捕获异常，开发 Node.js 程序应该养成捕获异常的习惯，哪怕只是简单地捕获之后重新抛出，也应该把捕获逻辑写上。但是，为了提高代码的可读性和节省版面，书中有些示例代码没有写捕获异常的逻辑。请务必自己养成处理异常逻辑的习惯。

## 在线资源
Online Resources

Pragmatic Bookshelf 网站[7]上有本书的相关资源，你可以下载所有示例代码，同时可以在上面找到在线论坛和勘误表。

最后，感谢你选择本书开启 Node.js 开发之路。

Jim R. Wilson

2017 年 12 月

---

[6] http://cygwin.com/
[7] http://pragprog.com/book/jwnode2/node-js-8-the-right-way

# 目录

## Contents

第一部分　开始接触 Node.js .................................................. 1

第1章　入门 .................................................................. 3
    1.1　不限于 Web ............................................................ 3
    1.2　Node.js 的应用范围 .................................................... 4
    1.3　Node.js 的工作原理 .................................................... 6
    1.4　Node.js 开发的 5 个方面 ................................................ 8
    1.5　安装 Node.js .......................................................... 9

第2章　文件操作 .............................................................. 11
    2.1　Node.js 事件循环编程 .................................................. 12
    2.2　创建子进程 ............................................................ 16
    2.3　使用 EventEmitter 获取数据 ............................................ 18
    2.4　异步读/写文件 ......................................................... 20
    2.5　Node.js 程序运行的两个阶段 ............................................ 24
    2.6　小结与练习 ............................................................ 24

第3章　Socket 网络编程 ...................................................... 26
    3.1　监听 Socket 连接 ...................................................... 27
    3.2　实现消息协议 .......................................................... 32
    3.3　建立 Socket 客户端连接 ................................................ 34
    3.4　网络应用功能测试 ...................................................... 36
    3.5　在自定义模块中扩展 Node.js 核心类 ..................................... 39
    3.6　使用 Mocha 编写单元测试 ............................................... 44
    3.7　小结与练习 ............................................................ 50

## 第 4 章　创建健壮的微服务 ... 52
- 4.1　安装 ØMQ ... 53
- 4.2　发布和订阅消息 ... 58
- 4.3　响应网络请求 ... 61
- 4.4　运用 ROUTER/DEALER 模式 ... 65
- 4.5　多进程 Node.js ... 68
- 4.6　推送和拉取消息 ... 72
- 4.7　小结与练习 ... 75

## 第二部分　数据处理 ... 79

## 第 5 章　数据转换 ... 81
- 5.1　获取外部数据 ... 82
- 5.2　基于 Mocha 和 Chai 的行为驱动开发 ... 84
- 5.3　提取数据 ... 90
- 5.4　依次处理数据文件 ... 100
- 5.5　使用 Chrome DevTools 调试测试 ... 103
- 5.6　小结与练习 ... 108

## 第 6 章　操作数据库 ... 111
- 6.1　Elasticsearch 入门 ... 112
- 6.2　使用 Commander 创建命令行程序 ... 114
- 6.3　使用 request 获取 JSON ... 120
- 6.4　使用 jq 处理 JSON ... 125
- 6.5　批量插入 Elasticsearch 文档 ... 128
- 6.6　实现 Elasticsearch 查询命令 ... 132
- 6.7　小结与练习 ... 139

## 第三部分　从头开始创建应用程序 ... 143

## 第 7 章　开发 RESTful Web 服务 ... 145
- 7.1　使用 Express 的好处 ... 146
- 7.2　运用 Express 开发服务端 API ... 147
- 7.3　编写模块化的 Express 的服务 ... 149
- 7.4　使用 nodemon 保持服务不间断运行 ... 153
- 7.5　添加搜索 API ... 154

| | | |
|---|---|---|
| 7.6 | 使用 Promise 简化代码 | 159 |
| 7.7 | 操作 RESTfull 文档 | 165 |
| 7.8 | 使用 async 和 await 模拟同步 | 168 |
| 7.9 | 为 Express 提供一个 async 处理函数 | 170 |
| 7.10 | 小结与练习 | 178 |

## 第 8 章 打造漂亮的用户界面 ... 181

| | | |
|---|---|---|
| 8.1 | 开始使用 webpack | 182 |
| 8.2 | 生成第一个 webpack Bundle | 186 |
| 8.3 | 使用 Bootstrap 美化页面 | 188 |
| 8.4 | 引入 Bootstrap Javascript 和 jQuery | 192 |
| 8.5 | 使用 TypeScript 进行转译 | 193 |
| 8.6 | 使用 Handlebars 处理 HTML 模板 | 197 |
| 8.7 | 实现 hash 路由 | 200 |
| 8.8 | 在页面中展示对象数据 | 202 |
| 8.9 | 使用表单保存数据 | 207 |
| 8.10 | 小结与练习 | 211 |

## 第 9 章 强化你的应用 ... 214

| | | |
|---|---|---|
| 9.1 | 设置初始项目 | 215 |
| 9.2 | 在 Express 中管理用户会话 | 219 |
| 9.3 | 添加身份验证 UI 元素 | 222 |
| 9.4 | 设置 Passport | 224 |
| 9.5 | 通过社交账号进行身份验证 | 228 |
| 9.6 | 编写 Express 路由 | 240 |
| 9.7 | 引入书单 UI | 245 |
| 9.8 | 在生产模式下部署服务 | 246 |
| 9.9 | 小结与练习 | 250 |

## 第 10 章 使用 Node-RED 进行流式开发 ... 252

| | | |
|---|---|---|
| 10.1 | 配置 Node-RED | 252 |
| 10.2 | 保护 Node-RED | 254 |
| 10.3 | 开发一个 Node-RED 流 | 255 |
| 10.4 | 使用 Node-RED 创建 HTTP API | 259 |
| 10.5 | 处理 Node-RED 流中的错误 | 269 |

| | | |
|---|---|---|
| 10.6 | 小结 | 276 |
| 附录 A | 配置 Angular 开发环境 | 277 |
| 附录 B | 配置 React 开发环境 | 282 |
| 索引 | | 285 |
| 翻译审校名单 | | 300 |

# 第一部分

# 开始接触 Node.js

Getting Up to Speed on Node.js

Node.js 是强大的 JavaScript 服务端开发平台。

第一部分将从简单的命令行程序讲起，然后逐渐深入微服务开发。在此过程中，你将学习如何把代码导出为模块，如何使用 npm 中的第三方模块，以及如何使用最新的 ECMAScript 语言特性。

# 第 1 章

# 入门
## Getting Started

有一句编程名言：功能是资产，代码是负债[1]。

在学习本书的 Node.js 程序时，请牢记这句名言，避免不必要的代码，尽量使用已有的成果。

不过，本书会教你自己实现一些功能，而不管这些功能是否已经被其他人实现过。因为只有自己动手做过，并且了解其中的原理，才能更好地利用它。

我们会循序渐进地学习。为了熟悉开发环境、语言特性、基础 API，我们会使用最基础的方式进行开发。等你打好基础后，再使用第三方模块、库、服务来代替之前写的代码。

你会发现使用第三方库很方便，而自己开发实现这些功能也是很有意义的事情。一旦你认识到这一点，就说明你已经成功脱离了初学者的行列。

## 1.1 不限于 Web
### Thinking Beyond the web

围绕 Node.js 的讨论大多局限于 web，人们常常忽略了它在其他领域的作用。我们使用图 1.1 来展示 Node.js 的应用范围。

---

[1] http://c2.com/cgi/wiki?SoftwareAsLiability

把所有计算机程序想象成栖息在大海里的生物,功能相似的程序栖息在相近的地方,功能不同的程序则相隔较远。图 1.1 是程序大海里的一个小岛,叫 I/O 密集之岛。

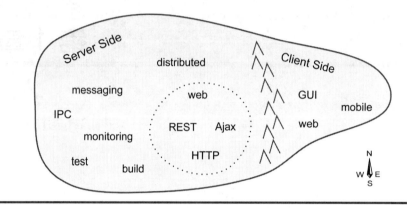

图 1.1　I/O 密集之岛

客户端程序在岛的东侧,包括各种 GUI 工具、购物应用程序、手机端应用程序和各种 web 应用程序。客户端程序直接与用户进行交互,它们通常需要等待用户输入。

服务端程序在岛的西侧,这片广袤的地区都是 Node.js 的领域。

在服务端领域深处,有一片叫 web 的区域,其中包含传统的 HTTP、Ajax、REST。那些吸引了大家注意力的网站、应用程序和 API 栖息在这里。

现在的情况是人们过分强调 Node.js 在 web 开发领域中的作用,而实际上 Node.js 的应用范围比这广得多,本书会带你慢慢探索。

## 1.2　Node.js 的应用范围
Node.js's Niche

自从 JavaScript 1995 年发明以来,它一直被用于解决前端到后端的各种问题。图 1.2 展示了 Node.js 的应用范围。

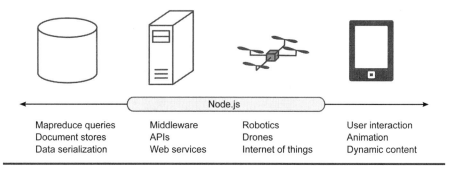

图 1.2　Node.js 的应用范围

在图 1.2 的右侧，浏览器运行的大量脚本都与用户交互有关，如点击、拖曳、选择文件等。JavaScript 在这些方面的应用已经非常成功。

在图 1.2 的左侧，后端数据库也大量用到 JavaScript。面向文档的数据库（如 MongoDB 和 CouchDB），从数据修改到 ad-hoc 查询，以及 mapreduce 任务，都大量用到 JavaScript。像 Elasticsearch 和 Neo4j 这样的 NoSQL 数据库也使用 JavaScript 对象标记语言（JSON）来展示数据。现在甚至可以使用 JavaScript 插件给 Postgres 写 SQL 函数。

大量中间件任务也像客户端脚本和数据库一样，属于 I/O 密集型应用。服务端程序往往要等待某些事情，比如数据库查询结果、第三方 web 服务的响应、网络连接请求等。Node.js 正是为了解决这些问题而生的。

Node.js 也进入了自治系统领域，用于开发物联网平台，例如树莓派的操作系统 Raspbian[1]，以及基于 Node.js 构建的 Tesse[2]。还有 Johnny-Five 和 CylonJS，这是两个机器人开发平台，可帮助你为各种硬件组件开发 Node.js 应用程序[3,4]。

机器人技术和物联网应用往往依赖于特定的硬件环境，因此它们不在本书的讨论范围之中。但是，如果你将来决定转向这些领域，本书介绍的 Node.js 开发技巧也能派上用场。

---

[1] https://www.raspberrypi.org/downloads/raspbian/
[2] https://tessel.io/
[3] http://johnny-five.io/
[4] https://cylonjs.com/

## 1.3　Node.js 的工作原理
### How Node.js Applications Work

Node.js 通过事件循环机制快速分发处理事件，这是 Node.js 最核心的特性。

Node.js 的理念是给用户提供事件和操作系统资源的底层访问权限，用 Node.js 核心贡献者 Felix Geisendörfe 的话说，在 Node.js 中"除了你的代码，一切都是并行的"。[1]

我们可以通过图 1.3 理解事件循环的工作原理。

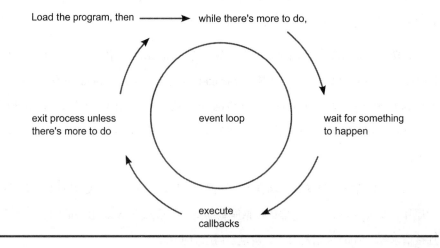

图 1.3　Node.js 事件循环

Node.js 线程会持续进行事件循环，直到所有任务都完成后才退出。当有事件发生时，Node.js 会触发相应的回调函数（事件处理器）。

Node.js 开发者的工作本质上就是编写事件处理回调函数，多个事件会多次触发回调函数，但同一时刻只有一个回调函数被执行。

应用程序所做的大多数事情，在 Node.js 里都是异步处理的，例如读取数据文件，处理 HTTP 请求等。一旦它开始执行，就会占据 JavaScript 引擎的整个执行线程，绝不会跟另一个应用程序同时执行。

---

[1] http://www.debuggable.com/posts/understanding-node-js:4bd98440-45e4-4a9a-8ef7-0f7ecbdd56cb

## 1.3.1 单线程与高并发
Single-Threaded and Highly Parallel

在实现并发的方式上，Node.js 与众不同。大部分并发方案都是利用多线程同时运行多份代码，但 Node.js 是单线程的，任何时刻都只有一份代码在执行。

Node.js 采用非阻塞方式处理大部分 I/O 任务，发生 I/O 成功或失败情况时会触发相应的回调函数，而不是阻塞在那里等待 I/O 操作完成。

代码块执行完成后，控制权交还给事件循环，Node.js 会利用空闲时间执行其他任务。第 2 章将举例说明 Node.js 的并发和事件循环原理。

Node.js 在任何时刻只执行一份代码，但能处理并发请求，看起来似乎没有道理。我把这称为 Node.js 的反向主义。

## 1.3.2 Node.js 的反向主义
Backwardisms in Node.js

反向主义的意思是，事情朝着表面方向相反的方向运行。编程过程中，大家已经接触了很多反向主义的例子，只是你可能没有留意。

以变量的概念为例，$7x + 3 = 24$ 在代数中很常见。其中 $x$ 是变量，它有一个确定的值，只要解开方程式，就能得到 $x$ 的值。

软件编程有 $x = x + 7$ 这样的表达式。这里的 $x$ 也叫变量，但你可以赋予它不同的值，并且每次执行后 $x$ 的值都可能不一样。

从代数的角度看编程中的表达式就是典型的反向主义，$x = x + 7$ 这个方程式是毫无意义的。软件中的变量和代数中的变量是两个完全相反的概念，这就是反向主义。学习了编程中的赋值，你就不难理解 $x = x + 7$ 中变量的概念了。

Node.js 的事件循环也是这样，从多线程的角度看，同一时刻只执行一份代码是很愚蠢的做法。如果你理解了基于非阻塞 API 的事件驱动编程，那么你就不难理解事件循环的做法了。

软件世界中有许多这样的反向主义，Node.js 就是一个例子。本书中有很多这样的代码，它们看起来应该这样运行，但实际上并非如此。

编写过一些简单的 Node.js 程序后，你会更容易理解 Node.js 的反向主义。

## 1.4 Node.js 开发的 5 个方面
Aspects of Node.js Development

Node.js 开发是一个很大的话题，甚至可以根据不同的 JavaScript 版本划分内容。本书主要关注以下 5 个方面。

- 开发实战。
- Node.js 核心。
- 开发模式。
- JavaScript 语言特性。
- 支持代码。

下面逐一进行介绍。

### 1.4.1 开发实战
Practical Programming

开发实战指的是实用的编程技巧，如读/写文件、创建 socket 连接、提供 web 服务。

本书后续每一章都会选择一个领域进行实战开发。虽然这些例子是限定在某个领域的，但同时会介绍 Node.js 核心、开发模式、JavaScript 语言特性和支持代码。

### 1.4.2 Node.js 核心
Node.js Core

学习 Node.js 核心模块有助于理解 Node.js 代码的执行特点，也能有效避免错误。例如，Node.js 中的事件循环处理逻辑是使用 C 语言编写的，但 Node.js 是在 JavaScript 环境下运行的。后面你会理解如何在这两种语言之间传递消息。

### 1.4.3 开发模式
Patterns

Node.js 拥有非常成功的开发模式。其中一些模式应用于 Node.js 核心代码内部，还有一些模式大量出现在第三方 Node.js 库中。比如回调函数、错误处理和在事件驱动编程中广泛应用的 `Emitter` 和 `Stream`。

在不同领域进行开发的过程中，我们会发现很多类似的开发模式。你会逐步了解为什么要按这些模式进行开发，以及如何有效地使用这些模式。

### 1.4.4 JavaScript 语言特性
JavaScriptisms

本书会尽量使用 Node.js 支持最新的 JavaScript 语言特性，即使你以前有过 JavaScript 开发经验，也会发现示例代码中可能有你读不懂的新特性。书中会用到如箭头函数、延展参数、解构赋值等最新的 JavaScript 语言特性。

### 1.4.5 支持代码
Supporting Code

任何程序都不是独立运行的，它们依赖大量的支持代码。从单元测试到部署脚本，都需要额外的辅助程序来支撑。本书中的支持代码可以让程序更健壮，易于扩展，易于维护。

完成以上 5 个方面的学习后，你就能使用 Node.js 平台的大部分功能开发出符合规范的 Node.js 应用。此外，示例代码在本书的主要作用是清晰地阐释 Node.js 中的概念，它们往往都比较功能化且简短。

运行示例代码之前请务必安装 Node.js 运行环境。

## 1.5 安装 Node.js
Installing Node.js

请根据操作系统来选择 Node.js 安装包，如果你喜欢自己动手，也可以选择源码安装。

本书代码要求使用 Node.js 8 的稳定版本。如果你安装的是其他版本，例如，根据最新源码安装的版本，那可能会导致示例代码运行失败。在命令行中，执行 `node-version` 可以查看当前安装的 Node.js 版本：

```
$ node–version
v8.0.0
```

最简单的安装方法是从 nodejs.org[1]官网下载安装包。

另一种常见的选择是使用 Node.js 版本管理器（nvm）[2]。如果你的操作系统是类 Unix 系统（如 Mac OS X 或 Linux），可以这样安装：

```
$ curl -o- https://raw.githubusercontent.com/creationix/nvm/v0.33.8/install.sh | bash
```

安装完 nvm 后再安装指定版本的 Node.js

```
$ nvm install v8.0.0
```

如果安装过程中遇到问题，则可以通过 Node.js 的维护者邮件列表或者 IRC 频道寻求帮助[3]。

准备好了吗？接下来进入大家熟悉的领域：文件操作。

---

[1] http://nodejs.org/download/
[2] https://github.com/creationix/nvm
[3] http://nodejs.org/community/

# 第 2 章

# 文件操作
## Wrangling the File System

你在工作中肯定会遇到文件操作,比如,读文件、写文件、文件重命名、删除文件等。我们就以文件操作作为学习 Node.js 的起点,接下来会创建一些实用的异步操作文件的工具,在这个过程中,你会接触到以下几个方面的内容。

### Node.js 核心

从架构层面讲解事件循环的原理,以及它是如何参与到程序的运行流程中的。我们将学习 Node.js 的 JavaScript 引擎和底层原生模块之间如何通过 `Buffer` 传输数据,还会学习如何用 Node.js 的模块系统在代码中引入核心模块。

### 开发模式

使用 Node.js 的常用开发模式进行开发,比如,使用回调函数处理异步事件。还会用到 `EventEmitter` 和 `Stream` 这两个工具类进行数据传输。

### JavaScript 语言特性

学习 JavaScript 语言的一些特性和最佳实践,如块级作用域和箭头函数。

### 支持代码

学习如何创建子进程,如何在子进程之间通信,如何获取子进程的输出结果,以及如何探测子进程的状态变化等。

我们最终会开发一个工具来监听文件内容的变化,在此过程中,你不但会熟悉

Node.js 文件系统 API，还会对事件循环的原理有更深入的理解。

## 2.1 Node.js 事件循环编程
Programming for the Node.js Event Loop

从文件操作程序入手，这个程序的功能是从命令行读取参数并监听文件变化。虽然代码很简单，但它可以让我们了解 Node.js 基于事件的编程架构。

### 2.1.1 监听文件变化
Watching a File for Changes

讲解 Node.js 概念时，通常会以监听文件为例，因为它会用到异步编程的思想，并且有非常多的应用场景，比如自动部署和自动执行单元测试。

打开命令行终端，创建一个目录，命名为 filesystem，然后进入这个目录。

```
$ mkdir filesystem
$ cd filesystem
```

本章所有示例代码都会在这个文件夹中运行。使用 touch 命令新建 target.txt 文件。

```
$ touch target.txt
```

如果你的系统没有 touch 命令（比如 Windows），那么可以换成 echo 命令。

```
$ echo > target.txt
```

接下来试试这个监听文件。打开你常用的编辑器，输入如下代码：

filesystem/watcher.js
```
'use strict';
const fs = require('fs');
fs.watch('target.txt', () => console.log('File changed!'));
console.log('Now watching target.txt for changes...');
```

将以上代码保存为 watcher.js 文件并和刚才的 target.txt 文件放在同一级目录下。别看这短短几行代码，它使用了很多 JavaScript 和 Node.js 特性。下面来一行一行地学习。

第一行的 'use strict' 表示让代码在严格模式下运行。严格模式是

ECMAScript 5 的新特性。在这种模式下，一些不合理、不严谨的行为将被禁止，并且会抛出错误。开启严格模式是一个很好的习惯，本书代码都会在严格模式下运行。

注意看 `const` 关键词，它声明 `fs` 为常量。使用 `const` 声明的常量必须在声明时赋值，而且禁止任何形式的再次赋值（会触发运行时报错）。

你可能想问为什么不能重新赋值。在很多场景中，变量的值是不需要变化的，这时候使用 `const` 赋值就是很好的选择。还有一种代替 `const` 的声明方式是 `let`，后面会介绍。

`require()` 函数用于引入 Node.js 模块并且把这个模块作为返回值。在本例中，执行 `require('fs')` 是为了引入 Node.js 内置的文件模块[1]。

在 Node.js 中，模块是一段独立的 JavaScript 代码，它提供的功能可以用于其他地方。`require()` 的返回值通常是 JavaScript 对象或函数。模块还可以依赖别的模块，类似于其他编程语言中库的概念，其他编程语言中的库也可以是 `import` 或 `#include` 其他库。

然后是调用 `fs` 模块的 `watch()` 方法，这个方法接收两个参数，一个是文件路径，另一个是当文件变化时需要执行的回调函数。在 JavaScript 中，函数是一等公民，也就是说，函数可以被赋值给变量，或者作为参数传递给别的参数。现在仔细看看这个回调函数：

```
() => console.log('File changed!')
```

这是箭头函数表达式，也称胖箭头函数或简称为箭头函数。开头空括号的意思是这个函数不需要任何参数。函数体中使用 `console.log` 把一段消息输出到标准输出。

箭头函数是 ECMAScript 2015 的新特性，本书会大量用到它。在我介绍箭头函数之前，你一定用过另一种更冗长的写法 `function(){}`。

```
function() {
    console.log('File changed!');
}
```

除了简洁的语法，箭头函数还有更大的优点：不会创建新的 `this` 作用域。一直以来，如何正确理解 `this` 作用域都是 JavaScript 开发者心中的痛，有了箭头函

---

[1] http://nodejs.org/api/fs.html

数，this 作用域的问题变得简单很多。就像 const 关键词是变量声明的第一选择，大家也应该把箭头函数作为函数声明的第一选择（例如回调函数）。

最后一行代码只是简单地输出一行文字，告诉调用者一切准备就绪。

现在在命令行试着运行，使用 node 启动这个监听程序：

```
$ node watcher.js
Now watching target.txt for changes...
```

程序启动之后，Node.js 会安静地等待目标文件内容的变化。打开另一个命令行终端窗口，进入刚才的文件夹，然后使用 touch 命令触发 target.txt 文件内容的变化。这时就能在 watcher.js 监听程序的命令行看到输出 File changed!，然后监听程序会继续等待文件内容的变化。

如果你看到几条重复的输出消息，并不是代码出了 bug，出现这种状况的原因与操作系统对文件变化的处理方式有关，这种情况主要出现在 Mac OS 和 Windows 操作系统上。

本章会常用到 touch 命令来触发文件内容的变化，下面这条语句可以用 watch 命令来实现自动地执行 touch：

```
$ watch -n 1 touch target.txt
```

这条语句每秒钟会触发一次目标文件，直到手动退出。如果操作系统不支持 watch 命令也没有关系，通过任何形式修改 target.txt 文件都可以。

### 2.1.2 看得见的事件循环
Visualizing the Event Loop

上一节的例子展示了 Node.js 事件循环的工作。正如图 1.3 所示，我们的文件监听程序按照图中的流程一步一步地运行着。

Node.js 按照如下方式运行：

- 加载代码，从开始执行到最后一行，在命令行输出 Now watching 消息。
- 由于调用了 fs.watch，所以 Node.js 不会退出。
- 它等待着 fs 模块监听目标文件的变化。
- 当目标文件发生变化时，执行回调函数。

- 程序继续等待，继续监听，还不能退出。

事件循环会一直持续下去，直到没有任何代码需要执行、没有任何事件需要等待，或者程序由于其他因素退出。比如程序运行时发生错误抛出异常，而异常又没有被正确捕获到，通常会导致进程退出。

### 2.1.3 接收命令行参数
Reading Command-Line Arguments

接下来改进我们的监听程序，让它能够接收参数，在参数中指定我们要监听哪个文件。你会在这段程序中用到 process 全局对象，还会学到如何捕获异常。

打开编辑器，输入如下代码：

filesystem/watcher-argv.js
```
const fs = require('fs');
const filename = process.argv[2];
if (!filename) {
  throw Error('A file to watch must be specified!');
}
fs.watch(filename, () => console.log(`File ${filename} changed!`));
console.log(`Now watching ${filename} for changes...`);
```

保存并命名为 watcher-argv.js，然后按如下方式运行：

```
$ node watcher-argv.js target.txt
Now watching target.txt for changes...
```

输出的内容与之前的 watcher.js 一模一样，在输出 *Now watching target.txt for changes...* 之后，也开始等待目标文件内容发生变化。

通过 process.argv 访问命令行输入的参数。argv 是 *argument vector* 的简写，它的值是数组，其中数组的前两项分别是 node 和 watcher-argv.js 的绝对路径，数组的第三项（下标为 2）就是目标文件的文件名 target.txt。

注意输出信息是由反引号（`）包裹起来的字符串，称为模板字符串：

`` `File ${filename} changed!` ``

模板字符串支持多行文本，也支持插值表达式。利用插值表达式可以在 ${} 占位符内写一个表达式，最终会用表达式的字符串值替换模板字符串中的占位符。

如果没有提供目标文件名参数，那么 watcher-argv.js 会抛出异常。把刚才那条命令最后的参数 target.txt 去掉，再运行一次就能看到如下错误信息：

```
$ node watcher-argv.js
/full/path/to/script/watcher-argv.js:4
throw Error('A file to watch must be specified!');
      ^
Error: A file to watch must be specified!
```

所有未捕获的异常都会导致 Node.js 执行进程退出。错误信息一般包含抛错的文件名、抛错的行数和具体的错误位置。

进程是 Node.js 中非常重要的概念，在开发中最常见的做法是把不同的工作放在不同的独立进程中执行，而不是所有代码都塞进一个巨无霸 Node.js 程序里。下一节学习如何在 Node.js 中创建进程。

## 2.2 创建子进程
### Spawning a Child Process

下面继续优化监听程序，让它在监听到文件变化后创建一个子进程，再用这个子进程执行系统命令。在此过程中，我们会接触到 child-process 模块、Node.js 的开发模式和一些内置类，还会学习如何用流进行数据传送。

为了方便，我们的代码会执行 ls 命令并加上 -l 和 -h 参数，这样就能看到目标文件的修改时间。同样也可以用这种方法执行其他命令。

打开编辑器，并输入如下代码：

```
filesystem/watcher-spawn.js
'use strict';
const fs = require('fs');
const spawn = require('child_process').spawn;
const filename = process.argv[2];

if (!filename) {
  throw Error('A file to watch must be specified!');
}

fs.watch(filename, () => {
  const ls = spawn('ls', ['-l', '-h', filename]);
  ls.stdout.pipe(process.stdout);
});
console.log(`Now watching ${filename} for changes...`);
```

将文件保存为 watcher-spawn.js，然后用之前的方式运行它：

```
$ node watcher-spawn.js target.txt
Now watching target.txt for changes...
```

然后打开另外的命令行窗口，并且 `touch` 目标文件，监听程序将会输出类似这样的信息：

```
-rw-rw-r— 1 jimbo jimbo 6 Dec 8 05:19 target.txt
```

注意你自己运行的输出结果会跟上面的不太一样，比如用户名、用户组、文件属性会不同，但格式是一样的。

代码的开始部分有新的 `require()` 语句，`require('child_process')` 语句将返回 child process 模块。[1] 目前我们只关心其中的 `spawn()` 方法，所以把 `spawn()` 方法赋值给一个常量且暂时忽略模块中的其他功能。

```
const spawn = require('child_process').spawn;
```

记住，函数在 JavaScript 中是一等公民，可以直接赋值给另一个变量。

接下来看看传给 `fs.watch()` 的回调函数：

```
() => {
  const ls = spawn('ls', ['-l', '-h', filename]);
  ls.stdout.pipe(process.stdout);
}
```

与之前的示例不同，这个箭头函数的函数体不只一行，因此，需要用大括号 `{}` 包裹起来。

`spawn()` 的第一个参数是需要执行命令的名称，在本例中就是 `ls`。第二个参数是命令行的参数数组，包括 `ls` 命令本身的参数和目标文件名。

`spawn()` 返回的对象是 `ChildProcess`。它的 `stdin`、`stdout`、`stderr` 属性都是 `Stream`，可以用作输入和输出。使用 `pipe()` 方法把子进程的输出内容直接传送到标准输出流。

有些场景下，我们需要读取输出的数据而不是直接传送，那该怎么做呢？

---

[1] https://nodejs.org/api/child_process.htm

## 2.3 使用 EventEmitter 获取数据
Capturing Data from an EventEmitter

EventEmitter 是 Node.js 中非常重要的一个类,可以通过它触发事件或者响应事件。Node.js 中的很多对象都继承自 EventEmitter,例如上一节提到的 Stream 类。

现在修改刚才的例子,通过监听 stream 的事件来获取子进程的输出内容。在编辑器中打开上一节的 watcher-spawn.js 文件,找到 fs.watch()语句,替换为如下代码:

filesystem/watcher-spawn-parse.js
```
fs.watch(filename, () => {
  const ls = spawn('ls', ['-L', '-h', filename]);
  let output = '';

  ls.stdout.on('data', chunk => output += chunk);

  ls.on('close', () => {
    const parts = output.split(/\s+/);
    console.log([parts[0], parts[4], parts[8]]);
  });
});
```

把修改后的代码保存为新文件 watcher-spawn-parse.js,然后像之前一样运行,再打开新命令行窗口,使用 touch 修改目标文件。你会看到如下输出:

```
$ node watcher-spawn-parse.js target.txt
Now watching target.txt for changes...
[ '-rw-rw-r--', '0', 'target.txt' ]
```

这个新的回调函数会像之前一样被调用,它会创建一个子进程并把子进程赋值给 ls 变量。函数内也会声明 output 变量,用于把子进程输出的内容暂存起来。

注意 output 变量是用 let 关键词声明的,let 和 const 都可以用于声明变量,但它声明的变量能够被多次赋值。通常我们会选 const 关键词声明变量,除非明确知道这个变量的值在运行时会修改。

> **可以用 var 声明变量吗?**
>
> 在引入 const 和 let 之前,在 JavaScript 中都是用 var 关键词声明变量的。var 和 let 类似,不同之处在于它声明的变量具有函数级作用域,而不是像 let 一样的块级作用域。

> 这里有一个例子能说明为什么我们应该用 const 和 let 代替 var:
>
> ```
> if (true) {
>   var myVar = "hello";
>   let myLet = "world";
> }
>
> console.log(myVar); // Logs "hello".
> console.log(myLet); // throws ReferenceError
> ```
>
> myVar 变量在 if 语句之外也能够访问，看起来有点费解。这一奇怪的现象在 JavaScript 中叫变量提升。var 语句声明的变量，会被提升到所在的函数或者模块作用域顶部。
>
> 我的建议是，如果想要这个变量在整个函数或模块内有效，那就应该在函数内直接用 const 或者 let 关键词声明。

接下来添加事件监听函数。当特定类型的事件发生时，这个监听函数就会被调用。Stream 类继承自 EventEmitter，所以能够监听到子进程标准输出流的事件：

```
ls.stdout.on('data', chunk => output += chunk);
```

这行代码的信息量比较大，我们拆开来看。

这里的箭头函数接收一个 chunk 参数，当箭头函数只需要一个参数时，可以省去参数两端的括号。

on()方法用于给指定事件添加事件监听函数，本例中监听的是 data 事件，因为我们要获得输出流的数据。

事件发生后，可以通过回调函数的参数获取跟事件相关的信息，比如本例的 data 事件会将 Buffer 对象作为参数传给回调函数，然后每拿到一部分数据，我们就把这个参数里的数据添加到 output 变量。

Node.js 中使用 Buffer 描述二进制数据[1]。它指向一段内存中的数据，这个数据由 Node.js 内核管理，而不在 JavaScript 引擎中。Buffer 不能修改，并且需要编码和解码的过程才能转换成 JavaScript 字符串。

在 JavaScript 里，把非 string 值添加到 string 中（像上例中的 chunk 那样），都会隐式调用对象的 toString()方法。具体到 Buffer 对象，当它跟一个 string 相加时，会把这个二进制数据复制到 Node.js 堆栈中，然后使用默认方式（UTF-8）编

---

[1] https://nodejs.org/api/buffer.html

码。

把数据从二进制复制到 Node.js 的操作非常耗时，所以尽管 string 操作更加便捷，但还是应该尽可能直接操作 Buffer。在这个例子中，由于数据量很小，相应的耗时也微乎其微，对整个程序影响不大。但希望大家今后在使用 Buffer 时，脑子里有这个印象，尽可能直接操作 Buffer。

ChildProcess 类也继承自 EventEmitter，也可以给它添加事件监听函数。

```
ls.on('close', () => {
  const parts = output.split(/\s+/);
  console.log([parts[0], parts[4], parts[8]]);
});
```

当子进程退出时，会触发 close 事件。回调函数将数据按空白符切割（正则表达式/\s+/），然后用 console.log 打印出第 1、5、9 个字段（下标分别为 0、4、8），这三个字段分别对应权限、大小、文件名。

本节通过文件监听程序学习了很多 Node.js 特性，包括使用 EventEmitter、Stream、ChildProcess 和 Buffer 这些内置类。也初步体验了异步编程和事件循环。

下面通过读/写文件继续学习这些 Node.js 概念。

## 2.4 异步读/写文件
### Reading and Writing Files Asynchronously

我们在本章的前面章节开发了监听文件内容的程序，接下来学习 Node.js 的文件读/写操作。你会学习如下两种处理异常的方式：EventEmitter 的 error 事件和回调函数的 err 参数。

Node.js 有多种读/写文件的方式，其中最简单直接的是一次性读取或写入整个文件，这种方式对小文件很有效。另外的方式是通过 Stream 读/写流和使用 Buffer 存储内容。下面是一次性读/写整个文件的例子：

```
filesystem/read-simple.js
'use strict'
const fs = require('fs');
fs.readFile('target.txt', (err, data) => {
  if (err) {
    throw err;
  }
```

```
    console.log(data.toString());
});
```

保存为 read-simple.js 文件并按如下方式运行：

```
$ node read-simple.js
```

target.txt 文件的内容会输出到命令行，如果文件是空的，那么会显示一个空白行。

注意 readFile()的回调函数的第一个参数是 err，如果 readFile()执行成功，则 err 的值为 null。如果 readFile()执行失败，则 err 会是一个 Error 对象。这是 Node.js 中统一的错误处理方式，尤其是内置模块一定会按这种方式处理错误。在本例中，如果有错误，我们直接就将错误抛出，未捕获的异常会导致 Node.js 直接中断退出。

回调函数的第二个参数 data 是 Buffer 对象，就像上一节的例子展示的那样。

一次写入整个文件的做法也是类似的，如下：

filesystem/write-simple.js
```
'use strict';
const fs = require('fs');
fs.writeFile('target.txt', 'hello world', (err) => {
  if (err) {
    throw err;
  }
  console.log('File saved!');
});
```

这段代码的功能是将 *hello world* 写入 target.txt（如果这个文件不存在，则创建一个新的；如果已经存在，则覆盖它）。如果有任何因素导致写入失败，则 err 参数会包含一个 Error 实例对象。

## 2.4.1 创建读/写流
Creating Read and Write Streams

分别用 fs.createReadStream()和 fs.createWriteStream()来创建读/写流。如下面这段程序所示，在 cat.js 里使用文件流把数据传送到标准输出。

filesystem/cat.js
```
#!/usr/bin/env node
'use strict';
require('fs').createReadStream(process.argv[2]).pipe(process.stdout);
```

第一行代码以#!开头,因此这段程序可以在类 Unix 系统中直接运行,不必用 node 来启动它(当然也可以用 node)。

使用 chmod 命令给它赋予可执行权限。

```
$ chmod +x cat.js
```

然后直接运行,并且在后面跟上目标文件参数:

```
$ ./cat.js target.txt
hello world
```

在 cat.js 中没有将 fs 模块赋值给变量,因为 require()函数直接返回这个模块,可以直接调用这个模块的方法。

也可通过监听文件流的 data 事件来达到同样效果,如下面的 read-stream.js 所示:

filesystem/read-stream.js
```
'use strict';
require('fs').createReadStream(process.argv[2])
  .on('data', chunk => process.stdout.write(chunk))
  .on('error', err => process.stderr.write(`ERROR: ${err.message}\n`));
```

这里使用 process.stdout.write()输出数据,替换原来的 console.log。输入数据 chunk 中已经包含文件中的所有换行符,因此不再需要 console.log 来增加换行。

更方便的是,on()返回的也是 emitter 对象,因此可以直接在后面链式地添加事件处理函数。

当使用 EventEmitter 时,最方便的错误处理方式就是直接监听它的 error 事件。现在人为地触发一个错误,看看它会输出什么。执行这段代码并给它传入一个不存在的文件作为参数:

```
$ node read-stream.js no-such-file
ERROR: ENOENT: no such file or directory, open 'no-such-file'
```

由于监听了 error 事件,所以 Node.js 调用了错误监听函数(并且正常退出)。如果没有监听 error 事件,并且恰好发生了运行错误,那么 Node.js 会直接抛出这个异常,然后会导致进程异常退出,就像之前的例子介绍的那样。

## 2.4.2 使用同步文件操作阻塞事件循环
Blocking the Event Loop with Synchronous File Access

到目前为止，我们讨论的文件操作方法都是异步的，它们都是默默地在后台履行 I/O 职责，只有事件发生时才会调用回调函数，这是较妥当的 I/O 处理方式。

同时，`fs` 模块中的很多方法也有相应的同步版本，这些同步方法大多以 *Sync* 结尾，比如 `readFileSync`。如果你以往没有异步开发的经验，那以同步的方式操作文件可能对你来说会更熟悉，但这种方式会消耗更多的资源。

当调用 *Sync* 方法时，Node.js 进程会被阻塞，只到 I/O 处理完毕。也就是说，在这个时候 Node.js 不会执行其他代码，不会调用任何回调函数，不会触发任何事件，也不会建立任何网络连接。它会完全停止下来，等待 I/O 操作结束。

虽然会有阻塞的问题，但同步的方式使用起来更简单，不必关心回调函数的问题。同步方法要么执行成功要么抛出异常，不必在回调函数中处理。有些场景适合用同步方式写，在后面的章节中会有讨论。

下面是用 `readFileSync()` 读文件的例子：

```
const fs = require('fs');
const data = fs.readFileSync('target.txt');
process.stdout.write(data.toString());
```

`readFileSync()` 返回的是 `Buffer` 对象，这个对象跟之前 `readFile()` 异步方法的回调函数接收的参数是相同的。

## 2.4.3 文件操作的其他方法
Performing Other File-System Operations

Node.js 的 `fs` 模块还有很多其他方法，这些方法都遵循 POSIX 标准。（POSIX[1] 是一系列用于规范操作系统之间协作性的规范，其中就包括文件系统工具。）举几个简单的例子，可以使用 `copy()` 方法复制文件，可以使用 `unlink()` 方法删除文件，可以使用 `chmod()` 方法变更权限，可以使用 `mkdir()` 方法创建文件夹。

这些函数的用法类似，它们的回调函数都接受相同的参数，就像本节介绍的

---

[1] http://pubs.opengroup.org/onlinepubs/9699919799/utilities/contents.html

那样。这些方法默认是异步的,同时会提供*Sync* 形式的同步版本。

## 2.5 Node.js 程序运行的两个阶段
The Two Phases of a Node.js Program

之前说到同步方法会阻塞 Node.js 的事件循环,你可能会认为使用这种方式操作文件不太好。了解 Node.js 运行的两个阶段后,你就会知道什么时候适合使用同步操作文件的方法了。

第一个阶段是初始化阶段,代码会做一些准备工作,导入依赖的库、读取配置参数等。如果在这个阶段发生了错误,我们没有太多办法,最好是尽早抛出错误并退出。因此在初始化阶段,可以考虑同步的文件操作。

第二个阶段是代码执行阶段,事件循环机制开始工作。相当多的 Node.js 应用是网络应用,也就是会建立连接、发送请求或者等待其他类型的 I/O 事件。在这个阶段不要使用同步的文件操作,否则会阻塞其他的事件。

`require()`函数就是上述原则的最好例子,它同步地加载执行目标模块代码,返回整个模块对象。模块的加载要么成功,要么失败导致整个程序退出。

一般来说,如果文件操作失败会导致整个程序无法运行,就可以使用同步的方式。不管文件是否操作成功,程序都可以继续运行,最好使用异步的方式。

## 2.6 小结与练习
Wrapping Up

本章使用 Node.js 开发了操作文件的程序,用到了 Node.js 的事件监听、异步操作、回调函数。学习了如何监听文件变化、读/写文件内容、创建子进程、获取命令行参数。

学习了 `EventEmitter` 类,使用 `on()`方法监听事件,并在回调函数中处理事件。讲解了流的概念,它是一种特殊的 `EventEmitter`,用于获取 `Buffer` 数据或直接传输到其他流。

还讲解了异常处理。Node.js 约定回调函数的第一个参数是 `err` 参数。还可以通过 `EventEmitter` 的 `error` 事件捕获异常。

请牢记上述捕获异常的方式,也许有第三方库的风格不同,但它是 Node.js 最常用的方式。

第 3 章将学习另一种服务端 I/O：网络连接。下面会逐步探索网络服务应用，并在本章知识的基础上继续开发。

下面是一些扩展思考题。

## 2.6.1 加固代码
Fortifying Code

本章的示例代码都缺少安全检查，想想如何修改代码来应对这两种情形。

- 在文件内容监听的例子中，如果文件不存在，会发生什么？
- 如果监听的目标文件被删除，又会发生什么？

## 2.6.2 扩展功能
Expanding Functionality

在监听程序示例中，我们是从 process.argv 获取监听的目标文件名。请考虑如下两个问题。

- 如何从 process.argv 获取需要创建的目标子进程？
- 如何从 process.argv 传送任意数量的参数给子进程（例如 node watcher-spawn-cmd.js target.txt ls -l -h）？

# 第 3 章

# Socket 网络编程
## Networking with Sockets

Node.js 天生就是用来做网络编程的，本章将讲解 Node.js 对 socket 连接的底层内置支持。TCP socket 是当今网络应用的重要部分，充分理解 socket，将有助于学习本书后面更复杂的内容。

开发基于 socket 的服务端和客户端程序的过程中，将学习以下 Node.js 知识。

## Node.js 核心

第 2 章的异步编程在本章大有用处，你会学习如何扩展 EventEmitter 这样的 Node.js 类，还会创建自定义模块来实现代码复用。

## 开发模式

网络连接至少有两个节点，通常是一个服务端和一个客户端。本章会实现基于 JSON 的客户端-服务端通信。

## JavaScript 语言特性

JavaScript 的继承模型非常独特，你将学习使用 Node.js 内置工具创建类结构。

## 辅助配套程序

为了保证代码按我们期望的方式运行，需要引入测试。本章会从 npm 安装 Mocha 测试框架，并用它开发单元测试。

我们会从最简单的 TCP 服务器开始，逐步提升代码的健壮性、模块化程度和易测性。

## 3.1 监听 Socket 连接
Listening for Socket Connections

网络服务通常要做两件事情：建立连接和传输信息。不论最终需要传输的是什么信息，都必须先把连接建立起来。

首先，你将学习如何在 Node.js 中搭建基于 socket 的网络服务，会开发一个示例应用，使用命令行工具连接服务端；然后服务端发送数据给客户端；最后会学习 Node.js 中客户端-服务端的经典开发模式。

### 3.1.1 给服务端绑定 TCP 端口
Binding a Server to a TCP Port

TCP socket 连接包含两个端点（endpoint），其中一个端点绑定到操作系统的端口，另一个端点则连接到这个端口。

有点类似电话系统，一个电话绑定了电话号码，另一个电话拨打这个号码建立通信。一旦电话接通，双方就可以互相发送信息（声音）。

在 Node.js 中，由 net 模块提供绑定端口和建立连接的能力，下面是绑定端口的例子：

```
'use strict'
const
  net = require('net'),
  server = net.createServer(connection => {
    // Use the connection object for data transfer.
  });
server.listen(60300);
```

net.createServer 方法接收一个回调函数作为参数，返回 Server 对象。连接建立成功后，Node.js 会执行回调函数，并传递 Socket 对象给 connection 参数，可以用这个对象接收和发送数据。

这里的回调函数是箭头函数，就像我们在第 2 章中用到的一样。

执行 server.listen 方法绑定指定的端口，在本例中绑定的 TCP 端口是

60300。图 3.1 展示了这个过程。

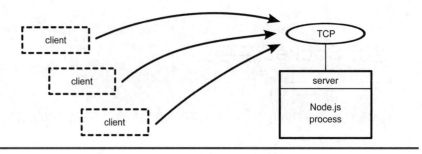

图 3.1　客户端连接 TCP 端口

Node.js 服务端进程绑定了 TCP 端口，多个客户端都可以连接到这个端口上，这些客户端可能是 Node.js 进程，也可能是其他进程。

这个服务端程序还不能做任何事，下面来添加给客户端发送数据的功能。

## 3.1.2　向 Socket 连接发送数据
Writing Data to a Socket

第 2 章我们开发了一些简单的文件操作程序，能够监听文件内容的变化。现在复用这段监听程序，把它作为网络服务向 socket 连接发送数据的数据源。

新建一个名称为 networking 的文件夹，用你常用的编辑器输入如下代码：

```
networking/net-watcher.js
'use strict';
const fs = require('fs');
const net = require('net');
const filename = process.argv[2];

if (!filename) {
  throw Error('Error: No filename specified.');
}

net.createServer(connection => {
  // Reporting.
  console.log('Subscriber connected.');
  connection.write(`Now watching "${filename}" for changes...\n`);

  // Watcher setup.
  const watcher =
    fs.watch(filename, () => connection.write(`File changed: ${new Date()}\n`));

  // Cleanup.
```

```
  connection.on('close', () => {
    console.log('Subscriber disconnected.');
    watcher.close();
  });
}).listen(60300, () => console.log('Listening for subscribers...'));
```

保存到刚才的 networking 文件夹中并命名为 net-watcher.js。在最前面两行，引入了两个 Node.js 核心模块：fs 模块和 net 模块。

监听的目标文件名通过 process.argv 的第三个（下标为 2）参数获取，但如果没有传入文件名，则将会直接抛出自定义的 Error。未捕获的错误将导致 Node.js 进程中断退出，并发送异常堆栈信息给标准错误接口。

再来看看 createServer 的回调函数，这个函数做了下面三件事情。

- 建立连接时打印通知（通过 connection.write 发送给客户端，也通过 console.log 发给控制台）。
- 开始监听目标文件内容发生变化，并把 watcher 对象保存在内存中，通过 connection.write 将变化的文件内容发送给客户端。
- 监听 connection 的 close 事件，在控制台打印通知，并用 watcher.close 停止监听文件。

最后一行，server.listen 也有一个回调函数作为参数，成功绑定到 60300 端口准备好接收客户端的连接后，Node.js 会调用这个回调函数并在控制台打印通知。

### 3.1.3　使用 Netcat 连接 TCP Socket 服务器
Connecting to a TCP Socket Server with Netcat

接下来运行 net-watcher 程序，看它是否按我们预期的方式运行。

我们需要三个命令行会话来运行和测试 net-watcher 程序：一个用于服务端，一个用于客户端，还有一个用来触发文件变化。

在第一个命令行会话窗口执行下面的 watch 命令，每一秒钟触发一次目标文件的变化：

```
$ watch -n 1 touch target.txt
```

在第二个命令行会话窗口执行 net-watcher 程序：

```
$ node net-watcher.js target.txt
Listening for subscribers...
```

这段程序创建了一个 TCP 服务器，并监听 60300 端口。netcat 是 socket 工具库，我们用它向服务端发起连接。打开第三个命令行窗口，执行以下 nc 命令：

```
$ nc localhost 60300
Now watching "target.txt" for changes...
File changed: Wed Dec 16 2015 05:56:14 GMT-0500(EST)
File changed: Wed Dec 16 2015 05:56:19 GMT-0500(EST)
```

如果操作系统没有 nc 命令，则可以使用 `telnet`：

```
$ telnet localhost 60300
Trying 127.0.0.1...
Connected to localhost.
Escape character is '^]'.
Now watching "target.txt" for changes...
File changed: Wed Dec 16 2015 05:56:14 GMT-0500(EST)
File changed: Wed Dec 16 2015 05:56:19 GMT-0500(EST)
^]
telnet> quit
Connection closed.
```

回到 net-watcher 命令行窗口，可以看到这样的信息：

```
Subscriber connected.
```

使用 Ctrl-C 关闭 nc 会话。如果是 `telnet`，则使用 Ctrl-]，输入 *quit* 后回车。再回到 net-watcher 的命令行窗口，将看到以下信息：

```
Subscriber disconnected.
```

使用 Ctrl-C 结束 net-watcher 程序。

图 3.2 描绘了刚才的程序。net-wathcer 进程（方形）绑定了 TCP 端口并能监听文件，图中的椭圆形表示资源。

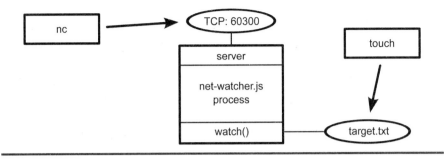

图 3.2　Socket 服务端和客户端连接

多个订阅者可以同时连接和接收信息，如果再打开一个命令行，并使用 nc 连接到 60300 端口，它将和之前的 nc 客户端一样接收文件内容更新的消息。

使用 TCP socket 在两个网络计算机之间进行通信非常方便，但如果是在同一台计算机上的两个进程之间通信，则 Unix socket 有更好的替代方案。net 模块也可以创建这样的 socket 连接，后面还会做进一步介绍。

## 3.1.4　监听 Unix Socket
Listening on Unix Sockets

我们将 net-watcher 程序改成 Unix socket 方式，看看 net 模块如何使用这种通信方式。要注意 Unix socket 只能在类 Unix 操作系统运行。

将 net-watcher.js 的最后一行按如下方式修改：

```
.listen('/tmp/watcher.sock', () => console.log('Listening for subscribers...'));
```

另存为 net-watcher-unix.js 文件，然后像上次一样运行：

```
$ node net-watcher-unix.js target.txt
Listening for subscribers...
```

如果发生了 EADDRINUSE 错误，则必须删除 watcher.sock 文件后再次运行。

像上次一样使用 nc 建立连接，但这次要在 socket 文件名前面加上 -U 参数。

```
$ nc -U /tmp/watcher.sock
Now watching target.txt for changes...
```

由于跟网络设备没有关系，Unix socket 的速度比 TCP socket 的速度快很多，但这种方式限制在机器内部。

以上就是在 Node.js 创建 socket 服务器的内容。我们学习了如何创建 socket 服务器，如何使用 nc 连接服务器。后续章节将使用这个结构进行开发。

接下来让传输的数据格式更容易解析，就可以开发自定义的客户端了。

## 3.2 实现消息协议
Implementing a Messaging Protocol

上一节探索了在 Node.js 中如何创建 socket 服务器并监听连接。到目前为止，示例程序发送的消息都是纯文本，都是给人看的消息。本节我们来设计和实现一套更好的消息协议。

这里的协议是指一系列能定义系统中多个终端之间如何通信的规则。开发 Node.js 网络应用至少会用到一个协议。我们将设计一个通过 TCP 传输的 JSON 格式的协议。

本书将 JSON 用于数据序列化和配置数据。JSON 在 Node.js 开发中很常用，并且也具有较好的可读性。

我们会使用新的基于 JSON 的协议来实现服务端和客户端，这样可以为将来的测试开发和模块化开发提供便利。

### 3.2.1 JSON 结构的消息
Serializing Messages with JSON

现在开始开发 JSON 消息协议，每条消息都使用 JSON 格式对象表示，这些对象包含一些键值对。下面是有两个键值对的对象的例子：

`{"key":"value","anotherKey":"anotherValue"}`

前面开发的 net-watcher 服务会发送两种类型的消息，我们要把这两种消息转换成 JSON 格式。

- 成功建立连接后,客户端收到的消息是:*Now watching "target.txt" for changes...*
- 当目标文件发生变化时,客户端收到的消息是:*File changed: Fri Dec 18 2015 05:4400 GMT-0500 (EST)*。

第一种消息这样表示:

`{"type":"watching","file":"target.txt"}`

这里的 `type` 字段表示这个消息的类型是 `watching`,`file` 字段表示当前正在被监听的目标文件。

第二种消息这样表示:

`{"type":"changed","timestamp":1358175733785}`

这里 `type` 字段的值表示文件内容发生了变化,`timestamp` 字段的值是整数,这个数是从 1970 年 1 月 1 日零点开始计算的毫秒数。这种格式的时间在 JavaScript 中非常好用,比如,可以使用 `Date.now()` 方法直接得到当前时刻的毫秒数。

注意这些 JSON 消息不能包含换行,虽然 JSON 格式本身会忽略所有空白符,也允许换行,但这个协议只允许在消息之间添加换行符,也就是以换行为分隔的 JSON 协议(line-delimited JSON, LDJ)。

## 3.2.2 切换到 JSON 格式
Switching to JSON Messages

我们已经定义了一个计算机可处理的协议,现在用这个协议改造 net-watcher 程序。然后再开发接收和处理这些消息的客户端程序。

使用 `JSON.stringify` 函数对消息对象进行序列化,然后使用 `connection.write` 发送出去。`JSON.stringify` 函数接收 JavaScript 对象,返回这个对象转换成的 JSON 格式字符串。

在编辑器中打开 net-watcher.js 程序。找到这一行:

`connection.write(`Now watching "${filename}" for changes...\n`);`

替换为下面的内容：

```
connection.write(JSON.stringify({type: 'watching', file: filename}) + '\n');
```

然后找到 watcher 里调用 connection.write 的地方：

```
const watcher =
  fs.watch(filename, () => connection.write(`File changed: ${new Date()}\n`));
```

替换为下面的内容：

```
const watcher = fs.watch(filename, () => connection.write(
  JSON.stringify({type: 'changed', timestamp: Date.now()}) + '\n'));
```

把新文件保存为 net-watcher-json-service.js，然后还是像之前一样运行，不要忘了加上目标文件参数：

```
$ node net-watcher-json-service.js target.txt
Listening for subscribers...
```

然后在第二个命令行使用 netcat 连接：

```
$ nc localhost 60300
{"type":"watching","file":"target.txt"}
```

使用 touch 命令修改文件时，你会在客户端看到这样的输出信息：

```
{"type":"changed","timestamp":1450437616760}
```

好了，接下来可以开始开发客户端来处理这些消息了。

## 3.3 建立 Socket 客户端连接
Creating Socket Client Connections

我们已经搞定了服务端程序，现在可以开始开发 socket 客户端了，这个客户端用于接收 net-watcher-json-service 发出的 JSON 消息。先实现一个简单版的客户端，然后在本章的后续章节中逐步完善。

在编辑器中输入如下代码：

networking/net-watcher-json-client.js
```js
'use strict';
const net = require('net');
const client = net.connect({port: 60300});
client.on('data', data => {
  const message = JSON.parse(data);
  if (message.type === 'watching') {
    console.log(`Now watching: ${message.file}`);
  } else if (message.type === 'changed') {
    const date = new Date(message.timestamp);
    console.log(`File changed: ${date}`);
  } else {
    console.log(`Unrecognized message type: ${message.type}`);
  }
});
```

保存为 networking/net-watcher-json-client.js 文件。

上面这段代码中使用 `net.connect` 创建了从客户端到 localhost 端口 60300 的连接，然后开始等待数据。其中 `client` 是 Socket 对象，跟服务端的回调函数中的 `connection` 对象类似。

`data` 事件触发时，回调函数接收 `buffer` 对象，并解析成 JSON 数据，然后输出到控制台。

启动 net-watcher-json-service 服务，在另一个命令行窗口执行客户端程序：

```
$ node net-watcher-json-client.js
Now watching: target.txt
```

使用 `touch` 命令修改目标文件时，在命令行可以看到如下信息：

```
File changed: Mon Dec 21 2015 05:34:19 GMT-0500 (EST)
```

成功！程序运行起来了，但还有待改善。

想想连接中断或者第一次建立连接时失败的情况。这段代码只监听了 `data` 事件，没有监听 `end` 和 `error` 事件。我们应该监听这些事件并进行相应的处理。

我们的代码中有一个隐藏较深的问题，这是由我们对消息边界想当然的处理方式造成的。第 3.4 节开发的测试程序可以发现并修复这个问题。

## 3.4 网络应用功能测试
### Testing Network Application Functionality

功能测试能确保代码按预期的方式运行。本节要开发一个测试程序，用于测试文件监控网络服务和客户端程序。我们还会开发一个 mock 服务器，它遵循之前的 LDJ 协议，使用这个 mock 服务器可以发现客户端的缺陷。

完成测试程序之后，我们要修复客户端的问题，这样才能通过测试。我们会接触到很多新的 Node.js 知识，包括扩展核心类、创建和使用自定义模块、基于 `EventEmitter` 的开发。在此之前，我们来看看客户端和服务端程序中隐藏的问题。

### 3.4.1 理解消息边界问题
#### Understanding the Message-Boundary Problem

使用 Node.js 开发网络应用时，经常会涉及消息通信。理想情况下，每条消息都一次接收成功，但有时情况不理想，消息有可能被切分成几块数据，由多个 `data` 事件接收。这种情况下，程序要能正确处理这种分块消息。

之前设计的 LDJ 协议使用换行符分隔消息，两条消息之间以换行符为边界，下面的例子将换行符标记出来，这样更容易理解多条消息之间如何分界。

```
{"type":"watching","file":"target.txt"}\n
{"type":"changed","timestamp":1450694370094}\n
{"type":"changed","timestamp":1450694375099}\n
```

回头看我们刚才开发的服务，每当有文件变化时，都会向 socket 连接发送一条消息，这条消息尾部包含一个换行符。在客户端，接收到的每行消息对应一个事件，或者说事件的分隔规则和消息的分隔规则是一致的。

客户端程序目前正是依赖这种方式运行的，直接把 `data` 事件得到的内容传给 `JSON.parse()`：

```
client.on('data', data => {
  const message = JSON.parse(data);
```

现在考虑这种情况，消息被分成两份并以两个独立的 `data` 事件传输。实践中经常这样拆分消息，尤其是当消息内容很多时。图 3.3 展示了消息拆分的细节。

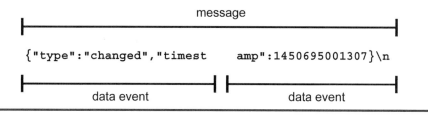

图 3.3　消息拆分

下面创建测试服务器，测试一条消息拆分成多条发送的情况，看看会发生什么。

## 3.4.2　实现测试服务器
Implementing a Test Service

健壮的 Node.js 应用要求能够优雅地处理各种情况，例如被拆分成多份的输入数据、中断的网络连接，还有不符合要求的数据。我们现在来实现一个测试服务器，刻意把一条消息拆分成多次发送。

打开编辑器并输入以下代码：

```
networking/test-json-service.js
'use strict';
const server = require('net').createServer(connection => {
  console.log('Subscriber connected.');

  // Two message chunks that together make a whole message.
  const firstChunk = '{"type":"changed","timesta';
  const secondChunk = 'mp":1450694370094}\n';

  // Send the first chunk immediately.
  connection.write(firstChunk);

  // After a short delay, send the other chunk.
  const timer = setTimeout(() => {
    connection.write(secondChunk);
    connection.end();
  }, 100);

  // Clear timer when the connection ends.
  connection.on('end', () => {
    clearTimeout(timer);
    console.log('Subscriber disconnected.');
  });
});
```

```
server.listen(60300, function() {
  console.log('Test server listening for subscribers...');
});
```

保存为 test-json-service.js 文件，然后运行以下代码：

```
$ node test-json-service.js
Test server listening for subscribers...
```

这个测试服务与我们之前开发的 net-watcher-json-service.js 有些不同，它没有像之前那样启动文件监听，而是直接把第一个数据发送出去了。

然后我设置了计时器，在短暂的时间间隔后发送第二条消息。JavaScript 中的 setTimeout() 函数接收两个参数：回调函数和以毫秒为单位的时间间隔。在指定的时间间隔之后，将会执行回调函数。

当连接中断时，使用 clearTimeout() 函数取消回调函数的调用。连接中断后再使用 connection.write 发送消息会造成异常，所以取消回调函数是必不可少的。

最后，看看当我们用客户端连接这个测试服务时会发生什么：

```
$ node net-watcher-json-client.js
undefined:1
{"type":"changed","timesta
                 ^

SyntaxError: Unexpected token t
    at Object.parse (native)
    at Socket.<anonymous> (./net-watcher-json-client.js:6:22)
    at emitOne (events.js:77:13)
    at Socket.emit (events.js:169:7)
    at readableAddChunk (_stream_readable.js:146:16)
    at Socket.Readable.push (_stream_readable.js:110:10)
    at TCP.onread (net.js:523:20)
```

抛出的异常是 *Unexpected token t*，说明 JSON 格式不合法。客户端以为接收到的是一整条符合 JSON 格式的消息并尝试使用 JSON.parse() 解析它。

我们成功模拟了将一条消息拆分成多条的情况，现在试试在客户端修复它。

## 3.5 在自定义模块中扩展 Node.js 核心类
Extending Core Classes in Custom Modules

第 3.4 节开发的 Node.js 客户端程序有一个缺陷,任何分块发送的消息都会导致程序退出,原因是没有把接收到的数据缓存起来,并合并成原来的消息。

所以客户端实际上需要做两件事情:一是把数据缓存起来并加工成消息;二是对接收到的消息进行处理和响应。

不要把这两部分的代码塞进同一个 Node.js 程序里,应该把其中一部分封装成模块。接下来创建一个模块处理接收到的数据,并把数据合并成有效的消息,这样主程序就可以从这个模块获取可靠的 JSON 消息。在此之前,先要介绍如何创建自定义模块,以及如何扩展 Node.js 核心类。

### 3.5.1 扩展 EventEmitter
Extending EventEmitter

我们要实现一个 LDJ 缓存模块来解决 JSON 分块消息的问题,然后把它集成到 network-watcher 客户端。

#### Node 中的继承

我们先看看如何在 Node.js 中实现继承,以下代码中的 `LDJClient` 类继承自 `EventEmitter` 类。

```
networking/lib/ldj-client.js
const EventEmitter = require('events').EventEmitter;
class LDJClient extends EventEmitter {
  constructor(stream) {
    super();
  }
}
```

`LDJClient` 是一个类,所以可以通过 `new LDJClient(stream)` 得到它的实例。`stream` 参数是可以接收 `data` 事件的对象,就像 Socket 连接那样。

构造函数通过 `super()` 调用父类 `EventEmitter` 的构造函数。今后实现类的继承时,都要记得在第一行执行 `super()` 并传入适当的参数。

在 JavaScript 内部,实际上是基于原型式继承建立 `LDJClient` 和 `EventEmitter` 之间的继承关系。原型式继承非常强大,不仅能用于构造类,还能用于其他方面,不过现在直接使用原型的场景越来越少了。`LDJClient` 类的用法如下:

```
const client = new LDJClient(networkStream);
client.on('message', message => {
  // Take action for this message.
});
```

类的结构出来了，但还没有实现任何逻辑。接下来要在 Node 中缓存数据。

### 缓存数据

使用 LDJClient 中的 stream 参数来获取和缓存收到的数据。我们要做的是把从 stream 获得的原始数据缓存下来，并解析成 message 对象，然后通过 message 事件转发出去。

看看下面的代码，将收到的数据块添加到缓存字符串中，然后查找换行符的位置（也就是 JSON 消息的结尾）。

networking/lib/ldj-client.js
```
constructor(stream) {
  super();
  let buffer = '';
  stream.on('data', data => {
    buffer += data;
    let boundary = buffer.indexOf('\n');
    while (boundary !== -1) {
      const input = buffer.substring(0, boundary);
      buffer = buffer.substring(boundary + 1);
      this.emit('message', JSON.parse(input));
      boundary = buffer.indexOf('\n');
    }
  });
}
```

---

**原型式继承**

回忆刚才创建的 LDJClient 类，在 JavaScript 语言引入 class、constructor、super 关键词之前，通常会使用下面的代码来实现类的继承。

```
const EventEmitter = require('events').EventEmitter;
const util = require('util');

function LDJClient(stream) {
  EventEmitter.call(this);
}
util.inherits(LDJClient, EventEmitter);
```

LDJClient 是构造函数，它与 class、constructor 的效果类似。把 EventEmitter 的构造函数指向 this，也达到了类似 super() 的效果。

> 最后，使用 util.inherits 把 LDJClient 的原型链指向 EventEmitter，也就是说，如果查找不到 LDJClient 下的属性，则会接着去 EventEmitter 下查找。
>
> 假设有一个 LDJClient 的实例变量 client，当执行 client.on 方法时，即使 client 对象和 LDJClient 原型对象都没有这个 on 方法，JavaScript 也会找到 EventEmitter 的 on 方法并执行它。
>
> 同理，当执行 client.toString 方法时，JavaScript 引擎会一直找到 EventEmitter 原型链上游的 Object 对象的 toString 方法。
>
> 通常情况下，我们不需要关心这个层面的逻辑，框架开发者可能会利用这些特性做些事情，但普通开发者可以直接使用 class 关键词构造类。
>
> 回到上面的例子，先像之前一样执行 super，再设置 buffer 变量用于存储收到的数据，然后用 stream.on 处理 data 事件。
>
> data 事件处理函数内的逻辑很多，但都是必要的。先把接收到的原始数据添加到 buffer 变量中，然后从前往后查找消息结束符，每条消息都用 JSON.parse 解析，最后用 this.emit 把消息发送出去。
>
> 代码写到这里，我们已经解决了刚开始时提出的问题，可以完美处理拆分成多次传输的消息。不管是一次传输多条消息，还是一条消息拆分成多次传输，我们的代码都能正确处理并触发 LDJClient 实例上的 message 事件。

回到上面的例子，先像之前一样执行 super，再设置 buffer 变量用于存储收到的数据，然后使用 stream.on 处理 data 事件。

data 事件处理函数内的逻辑很多，但都是必要的。先把接收到的原始数据添加到 buffer 变量中，然后从前往后查找消息结束符，每条消息都使用 JSON.parse 解析，最后使用 this.emit 把消息发送出去。

代码写到这里，我们已经解决了刚开始时提出的问题，可以完美处理拆分成多次传输的消息。不管是一次传输多条消息，还是一条消息拆分成多次传输，我们的代码都能正确处理并触发 LDJClient 实例上的 message 事件。

接下来把这个 class 整合进 Node.js 模块里，给上层的客户端代码调用。

**对外暴露模块功能**

现在把前面的示例代码整合起来，将 LDJClient 作为一个模块对外暴露出来。先新建 lib 文件夹，当然你也可以给文件夹取别的名称，但 Node.js 社区约定把支撑性代码放在 lib 文件夹里。

打开编辑器并输入如下代码：

networking/lib/ldj-client.js
```js
'use strict';
const EventEmitter = require('events').EventEmitter;
class LDJClient extends EventEmitter {
  constructor(stream) {
    super();
    let buffer = '';
    stream.on('data', data => {
      buffer += data;
      let boundary = buffer.indexOf('\n');
      while (boundary !== -1) {
        const input = buffer.substring(0, boundary);
        buffer = buffer.substring(boundary + 1);
        this.emit('message', JSON.parse(input));
        boundary = buffer.indexOf('\n');
      }
    });
  }

  static connect(stream) {
    return new LDJClient(stream);
  }
}

module.exports = LDJClient;
```

保存为 `lib/ldj-client.js` 文件。这段代码只是把之前的示例结合起来，另外还增加了静态方法和最后的 `module.exports` 语句。

在 class 的定义中，constructor 方法之后加了一个静态方法 connect。静态方法是添加在 class 上而不是实例上。connect 方法只不过是给使用者提供便利，让他们能够简单快速地创建 LDJClient 实例。

`module.exports` 对象是 Node.js 模块和外界的桥梁，任何添加在 exports 上的属性都能被外部访问到。在上面的示例中，我们把 LDJClient 类整个暴露出去了。

外部使用 LDJ 模块的代码大致像下面这样：

```js
const LDJClient = require('./lib/ldj-client.js');
const client = new LDJClient(networkStream);
```

也可以使用 connect 方法，如下所示：

`const client = require('./lib/ldj-client.js').connect(networkStream);`

注意上面的代码中我们给 require() 函数传入了真实文件路径，而不像以前那样传入 fs、net、util 这样的模块名。当 require() 函数的参数是路径时，它会以当前文件为起点去查找相对路径中的文件。

模块完成！现在去 network-watching 客户端调用这个模块，把所有功能都整合起来。

### 3.5.2 导入自定义模块
Importing a Custom Node.js Module

现在修改客户端代码。原来是直接从 TCP 流读取数据，现在要把刚开发的模块利用起来。

打开编辑器并输入如下代码：

networking/net-watcher-ldj-client.js
```js
'use strict';
const netClient = require('net').connect({port: 60300});
const ldjClient = require('./lib/ldj-client.js').connect(netClient);

ldjClient.on('message', message => {
  if (message.type === 'watching') {
    console.log(`Now watching: ${message.file}`);
  } else if (message.type === 'changed') {
    console.log(`File changed: ${new Date(message.timestamp)}`);
  } else {
    throw Error(`Unrecognized message type: ${message.type}`);
  }
});
```

保存为 net-watcher-ldj-client.js 文件。它与第 3.3 节开发的 net-watcher-json-client 文件很相似，不同之处是它没有直接使用 JSON.parse() 解析数据，而是从刚开发的 ldj-client 模块的 message 事件获取消息。

我们来运行一下测试服务，看看分块消息的问题是否解决了。

```
$ node test-json-service.js
Test server listening for subscribers...
```

在另一个窗口运行客户端：

```
$ node net-watcher-ldj-client.js
File changed: Tue Jan 26 2016 05:54:59 GMT-0500 (EST)
```

成功！现在服务端和客户端可以通过自定义的消息格式进行可靠的通信了。最后介绍流行的测试框架 Mocha，用它编写单元测试。

## 3.6 使用 Mocha 编写单元测试
Developing Unit Tests with Mocha

Mocha 是非常流行的多范式 Node.js 测试框架，它可以通过多种方式开发测试，这里我们用到行为驱动的开发方式（behavior-driven development，BDD）。

首先通过 npm 安装 Mocha，npm 是 Node.js 内置的包管理器。然后为 `LDJClient` 类开发单元测试，最后使用 npm 运行测试套件。

### 3.6.1 通过 npm 安装 Mocha
Installing Mocha with npm

使用 npm 安装 Node.js 模块非常方便。除了安装方法，你还需要了解安装过程中发生了什么，这样才能更好地管理依赖的模块。

先创建 `package.json` 文件，npm 非常依赖这个配置文件。在 `networking` 项目目录下打开终端，执行如下代码：

```
$ npm init -y
```

执行 `npm init` 命令创建 `package.json` 文件。后续章节会详细介绍这个文件，目前先把注意力放在如何安装 Mocha 上，执行 `npm install`：

```
$ npm install --save-dev --save-exact mocha@3.4.2
npm notice created a lockfile as package-lock.json. You should commit this file.
npm WARN networking@1.0.0 No description
npm WARN networking@1.0.0 No repository field.

+ mocha@3.4.2
added 34 packages in 2.348s
```

先忽略警告信息，npm 提示给 package.json 添加描述性字段。

安装完毕后，项目目录下多了一个 node_modules 文件夹，其中包含 Mocha 模块和它依赖的其他模块。打开 package.json 文件，其中有如下代码：

```
"devDependencies":{
  "mocha": "3.4.2"
}
```

Node.js 中有几种不同类型的依赖，常规依赖是在代码运行时会用到的模块，它们用 require 语句引入，开发依赖是只有在开发时需要的模块。Mocha 属于后者，所以安装时使用 --save-dev 参数（也可以简写成 -D）告诉 npm 把模块添加到 devDependencies 列表中去。

需要注意的是，无论是开发依赖还是常规依赖，都会在不带任何参数运行 npm install 时安装到项目中。如果只想安装常规依赖，则可以在运行 npm install 时使用 --production 参数，或者把 NODE_ENV 环境变量的值设为 production。

同时，npm 也会创建 package-lock.json 文件，这个文件记录了本次安装的 Mocha 模块的版本和其他模块的版本。我们暂时把这个文件放一放，先学习语义化版本号的概念，以及 npm 是如何解决模块版本问题的。

## 3.6.2 模块的语义化版本号
Semantic Versioning of Packages

上节例子中的 --save-exact 告诉 npm 我们需要记录精确的版本，也就是例子中的 3.4.2。默认情况下，npm 会通过语义化版本号（semantic versioning，也叫 SemVer）找到最合适的可用版本[1]。

语义化版本号在 Node.js 社区是大家广泛遵守的约定，你给自己的模块设定版本号时也要遵守这个约定。版本号由三部分组成（用点号链接）：主版本号，次版本号，修订版本号。

修改版本号时，必须根据语义化版本号的约定修改特定的部分。

---

[1] http://semver.org/

- 如果本次修改代码没有新增或删除任何功能（比如修复 bug），则应该增加修订版本号。
- 如果本次修改代码新增了功能，但没有删除或者修改已有的功能，则应该增加次版本号，并重置修订版本号。
- 如果本次修改代码会对现有功能产生影响，则应该增加主版本号，并重置次版本号和修订版本号。

如果去掉 `--save-exact` 参数，则安装符合条件的最新版本。如果直接把版本号也去掉，则直接安装这个模块最近发布的版本。

本书为了保证所有示例代码都能正确运行，同时避免依赖模块违反语义化版本号约定带来的风险，会使用严格指定的版本号。

如果安装 npm 模块时去掉 `--save-exact` 参数，则会在 `package.json` 中添加带^的版本号。例如，添加的版本号是`^3.4.2` 而不是之前的 `3.4.2`。其中的^表示 npm 会安装与你指定版本相同或者更新的次版本。

举个例子，如果依赖版本设置为`^1.5.7`，并且该模块存在`1.6.0`版本和`2.0.0`版本，那么其他开发者安装后会得到最新的 `1.6.0` 版本。但不会安装到 `2.0.0` 版本，因为主版本更新意味着发生了不能向下兼容的变更。

如果想要更严格一点，可以用~做前缀。还是使用刚才的例子，如果依赖版本设置为`~1.5.7`，并且该模块存在`~1.5.8` 版本和 `1.6.0` 版本，那么开发者安装的是 `1.5.8` 而不是 `1.6.0`。前缀~比前缀^更安全，因为大部分人不会在修复缺陷时引入不兼容的变更。

虽然 Node.js 社区广泛采用了语义化版本号，但模块作者有时候会在主版本达到 1 之前做一些不兼容的代码变更。比如，有些项目可能从 `0.0.1` 开始计算版本号，然后在 `0.0.2` 和 `0.0.3` 引入不兼容变更。同样，有些项目可能从 `0.1.0` 到 `0.3.0`都会引入不兼容变更。所以在匹配^前缀和~前缀版本时，npm 会有意忽略版本号前面的 0。

我的建议是：安装模块时始终加上`--save-exact` 参数。这么做的缺点是当你想要安装新版本时必须手动更新，但这至少是在你的掌控下的更新，而不会出现你无法控制的意外。

即使你小心翼翼地使用 `--save-exact` 管理直接依赖，还是有可能出现问题，因为由依赖模块引入的间接依赖的模块可能没有严格遵守版本号约定。这时候需要用到 `package-lock.json` 文件，它记录了整个依赖树的所有模块版本号和校验码。

如果想在不同机器上安装完全一致的依赖文件，就必须把 `package-lock.json` 提交到代码仓库里。可以使用 `npm outdated` 命令生成待更新报告，里面包含所有可以更新的模块版本。一旦在项目里安装了新版本的模块，`package-lock.json` 里的版本记录也会同步更新。

在开发过程中提交 `package-lock.json` 是一个好习惯，这样就能记录任意历史时刻代码的依赖，以确保即使回到过去的某一时刻，代码也能正常运行。这在跟踪 bug 时非常有用，因为有时 bug 不一定来自你自己的代码，有可能是依赖的第三方模块引入的。

语义化版本号就介绍到这里，接下来动手写测试吧！

### 3.6.3 使用 Mocha 开发单元测试
Writing Mocha Unit Tests

安装 Mocha 后，现在可以开始开发单元测试了。

新建 `test` 目录，把所有与测试有关的代码都放到里面。这是 Node.js 约定的做法，Mocha 会自动在这个目录下查找测试代码。

接着在 `test` 目录下新建 `ldj-client-test.js` 文件并输入如下代码：

```
networking/test/ldj-client-test.js
'use strict';
const assert = require('assert');
const EventEmitter = require('events').EventEmitter;
const LDJClient = require('../lib/ldj-client.js');

describe('LDJClient', () => {
  let stream = null;
  let client = null;

  beforeEach(() => {
```

```
    stream = new EventEmitter();
    client = new LDJClient(stream);
  });

  it('should emit a message event from a single data event', done => {
    client.on('message', message => {
      assert.deepEqual(message, {foo: 'bar'});
      done();
    });
    stream.emit('data', '{"foo":"bar"}\n');
  });
});
```

下面来逐行看看这段代码，首先引入所有需要的模块，其中包括 Node.js 内置的 `assert` 模块，它包含很多实用的比较函数。

然后使用 Mocha 的 `describe()` 方法创建一个测试 `LDJClient` 的上下文环境，其中 `describe()` 的第二个参数是函数，这个函数包含测试的具体内容。

在测试函数内，我们先声明两个变量，一个是 `LDJClient` 实例，另一个是 `EventEmitter` 实例。在 `beforeEach` 中，将新的实例赋值给上面创建的两个变量。

最后调用 `it()` 函数进行实际测试。由于我们的代码是异步的，所以需要通过 Mocha 提供的 `done()` 函数告诉 Mocha 测试什么时候结束。

在测试代码中，给 `client` 的 `message` 事件设置了监听函数。监听函数使用 `deepEqual` 方法对测试数据和正确数据进行比较。最后触发 `stream` 的 `data` 事件，这会引发 `message` 事件的回调函数执行。

测试代码写完了，试着运行一下吧！

### 3.6.4 使用 npm 脚本运行 Mocha 测试代码
Running Mocha Tests from npm

使用 npm 运行 Mocha 测试代码，先要在 `package.json` 文件添加一行配置。打开 `package.json` 文件，在 `scripts` 区块添加一行：

```
"script": {
  "test": "mocha"
},
```

在 `scripts` 区块下的命令都可以通过 `npm run` 在命令行调用。例如，如果在命令行执行 `npm run test`，实际上会执行 `mocha` 命令。

`test` 命令还可以将 `run` 省略掉，简写成 `npm test`。打开命令行，执行如下命令：

```
$ npm test

> @ test ./code/networking
> mocha


  LDJClient
    ✓ should emit a message event from single data event

  1 passing (9ms)
```

测试通过！接下来把 `test-json-service.js` 中的代码转换成 Mocha 测试代码。

### 3.6.5　添加异步测试代码
Adding More Asynchronous Tests

这个代码结构很容易添加新的测试，把 `test-json-service.js` 改造成基于 Mocha 的测试代码。打开 `test/ldj-client-test.js` 文件，在 `describe()` 代码块中增加如下代码：

```
networking/test/ldj-client-test.js
it('should emit a message event from split data events', done => {
  client.on('message', message => {
    assert.deepEqual(message, {foo: 'bar'});
    done();
  });
  stream.emit('data', '{"foo":');
  process.nextTick(() => stream.emit('data', '"bar"}\n'));
});
```

这个测试将消息拆分成两部分并依次发出。注意这里用到了 `process.nextTick()` 函数，这是 Node.js 的内置方法，它能让回调函数里的代码在当前代码执行结束后立即执行。

在前端开发中常常会使用 `setTimeout` 延迟 0 毫秒来达到类似的目的。但 `setTimeout(callback,0)` 和 `process.nextTick(callback)` 还是有区别的，后者

会在下一次事件循环开始之前执行，而 `setTimeout` 会等一次事件循环结束后再执行。

不管用哪种方法，只要延迟的时间小于 Mocha 的超时时间，测试都能通过。Mocha 的默认超时时间为 2 秒。超时时间可以全局修改，也可以为单个测试修改。

使用 `--timeout` 参数可以指定 Mocha 本次测试的超时时间，如果设为 0，则禁用超时。

Mocha 的 `it()` 方法的返回值对象包含了 `timeout()` 方法，调用这个 `timeout()` 方法可以为一个特定的测试设置超时时间。如下所示：

```
it('should finish within 5 seconds', done => {
 setTimeout(done, 4500); // Call done after 4.5 seconds.
}).timeout(5000);
```

`describe()` 方法返回的对象也包含 `timeout()` 方法，`timeout()` 方法可以设置 `describe()` 内的一组测试的超时时间。

好了，开始下一章之前，我们来回顾一下本章内容吧！

## 3.7 小结与练习
Wrapping Up

本章讲解使用 Node.js 开发基于 socket 的网络应用，开发了客户端和服务端逻辑，还定义了基于 JSON 的通信协议。

开发测试用例用于发现代码中的潜在问题，扩展 Node.js 内置的 `EventEmitter` 类写出了第一个自定义模块。同时学习了如何将流数据缓存下来，如何查找消息分隔符。

使用 npm 安装了测试框架 Mocha，并用它开发了单元测试。

像本章介绍的这样，开发简单网络应用不需要很多代码。只需简单几行，就能创建出功能完善的服务端和客户端应用。

然而，开发健壮的应用程序要比这困难得多，需要考虑各种可能导致出错的情况。第 4 章介绍高性能消息模块和框架，以达到更高的要求。

## 3.7.1 易测性
Testability

本章使用 Mocha 开发了一个测试用例，但它仅测试了 LDJClient 类的最基本行为，也就是当 data 事件触发发送消息的情况。

试着思考下面的问题并开发测试用例。

- 如果一条消息被拆分成数据流的多个 data 事件，如何测试？
- 如果 LDJClient 构造函数接收的参数是 null，则需要抛出异常，这种情况如何测试？

## 3.7.2 鲁棒性
Robustness

本章开发的 LDJClient 还不完善，试着思考下面的问题并改进代码。

- LDJClient 类能够处理一条 JSON 格式的消息被拆分成多次发送的情况，但如果接收到的数据不符合 JSON 格式呢，会发生什么？
- 开发一个测试用例，其中 data 事件发送的不是 JSON 数据。这种情况应该如何编写测试？
- 如果最后一个 data 事件是完整的 JSON 消息，但却没有换行符作为结尾，会发生什么？
- 开发一个测试用例，其中 stream 对象发送一个 JSON 数据但结尾没有换行符，后面再跟一个 close 事件。实际的 Stream 实例会在结束前触发 close 事件，修改 LDJClient 类的代码，监听 close 事件并处理剩余的缓存数据。
- LDJClient 要给它的监听者发送 close 事件吗？什么情况下需要？

# 第 4 章

# 创建健壮的微服务
Connecting Robust Microservices

网络应用不仅要关注各个网络节点,更要关注节点之间的交互形式。本章重点讨论网络节点的交互,学习 Node.js 微服务之间的多种通信方式。

**Node.js 核心**

虽然 Node.js 是单线程的,但可以充分利用多核处理器同时处理多个任务。本章讲解如何使用 Node.js 的 cluster 模块创建工作进程和管理多个进程。

**开发模式**

不同的微服务节点在网络中扮演着不同的角色,并通过不同的方式进行通信。我们会介绍几种实用的消息模式,例如发布者/订阅者模式、请求/响应模式、推送/拉取模式。这些模式在网络应用的架构设计中常常用到,只有熟练掌握它们,才能成为更好的 Node.js 程序员。

**JavaScript 语言特性**

JavaScript 中的函数是可变参数的,也就是说,不管函数定义有几个参数,在函数执行时可以传入任意数量的参数。本章将学习在函数中使用 rest 参数的语法获取任意数量的参数。

**辅助配套程序**

npm 是 Node.js 生态系统必不可少的一部分。你将学习使用 npm 管理模块。有时候模块还有一些 npm 之外的依赖，你也会学习如何构建这些外部依赖。

我们将用到跨平台的消息库 ØMQ（读作"Zero-M-Q"）来连接微服务。其中 MQ 是消息队列（message queue）的缩写。ØMQ 提供了易扩展、低延迟的消息解决方案。由于 ØMQ 是基于事件循环的开发模式，它和 Node.js 搭配起来就像是豆浆油条一样的绝配。

先安装 ØMQ，我们会花点时间来改善上一节开发的服务程序，然后开发新的消息通信模式。开始干吧！

## 4.1 安装 ØMQ
Installing ØMQ

你可能会问，为什么不像第 3 章那样直接使用 socket，而要使用 ØMQ 建立连接呢？Node.js 社区信奉 Unix 哲学：一次只做好一件事。Node.js 的贡献者们尽量保持 Node.js 核心代码轻量、简洁，把其他更上层的事情留给社区开发者去解决。

尽管 Node.js 核心代码对 socket 底层编程的支持非常好，但它没有提供更高层次的开发模式。ØMQ 致力于提供消息队列开发模式的上层封装，帮你解决网络开发过程中的底层问题。例如：

- 如果由于网络抖动或进程重启导致连接中断，ØMQ 节点会自动重新建立连接。
- ØMQ 能保证发送完整的消息，这样就无需处理分块发送的情况。
- ØMQ 的通信协议开销非常低，却同时能包含很多必要的细节数据，例如把响应发送回正确的请求方。

ØMQ 具备优秀开发框架必备的特点，让你从琐碎的事情中解脱出来，只需要关心核心逻辑。

那为什么不直接使用 HTTP 协议建立通信，而要使用 ØMQ 模块来做呢？我的

理由是 ØMQ 在一个模块内提供了多种不同的消息开发模式，使用它可以避免把发布者/订阅者模式、请求/响应模式拼凑在一起，最终 ØMQ 会把这些转换成 HTTP 协议或其他适当的协议。

还有一个理由是 ØMQ 能让你的程序设计更灵活。MQTT 和 AMQP 之类的消息协议都要求有一个专门的中央处理节点，但 ØMQ 可以让你灵活决定哪些部分是持久的，哪些部分是临时的。

另外，直接使用 HTTP 开发非常复杂。使用 HTTP 的请求头和响应头进行内容协商是非常复杂的过程。Node.js 内置的 http 模块提供了非常棒的底层支持，但前提是你知道如何合理使用它。我们将在第 6 章学习 HTTP 开发。

如今 Node.js 已经不仅仅局限于 web 服务端开发，2015 年发布的树莓派操作系统 Raspbian 就内置了 Node.js 环境。学习 ØMQ 的开发模式并理解分布式架构非常有必要，特别是当你进入嵌入式 Node.js 平台和物联网领域时，会发现受益匪浅。

接下来开始环境配置，使用 ØMQ 快速搭建健壮的微服务。

### 4.1.1　初始化 package.json 文件
Initializing Your package.json File

npm 已经成为 Node.js 的巨大宝藏，从数据流解析、连接池到会话管理，它无所不包。

npm 通过 package.json 文件记录项目依赖模块，并根据这个文件安装依赖。先新建 microservices 文件夹，在命令行进入这个文件夹所在的路径，执行 npm init 命令来初始化 package.json 文件。

```
$ npm init -y
Wrote to ./code/microservices/package.json:

{
  "name": "microservices",
  "version": "1.0.0",
  "description": "",
  "main": "index.js",
  "scripts": {
    "test": "echo \"Error: no test specified\" && exit 1"
  },
  "keywords": [],
  "author": "",
```

```
    "license": "ISC"
}
```

注意最后一行的 `license` 属性，默认的许可协议是 ISC[1]。这是由 Internet Systems Consortium 编写的一个很宽容的许可协议，与 MIT 协议[2]类似。

> **开源软件许可协议和无许可协议**
>
> 尽管 ISC 是 npm 默认的许可协议，但在 Node.js 社区 MIT 协议更受欢迎。如果你准备把模块发布到 npm 仓库，并希望能被其他开发者广泛采用的话，我推荐使用 MIT 协议。
>
> 很多公司采用的另一个协议是 Apache 2.0，如果选择 Apache 2.0 的话，记得要在每个源码文件顶部注释加上这个协议的声明条款。
>
> 如果你对以上协议都不满意，还可以自己从开源协议列表里挑一个。也可以直接把 license 字段设为 UNLICENSED，表明不遵循任何开源协议。不过这样的话，就意味着社区其他开发者不能使用你的代码。

接下来安装 zeromq 模块，`package.json` 文件的其他字段将在后续章节介绍。

## 4.1.2 安装 zeromq 模块
Installing the zeromq Node.js Module

实际的 Node.js 应用开发很难不用 npm 模块。本书的示例代码依赖了大量外部模块。现在我们要安装 zeromq，它是 ØMQ 官方为 Node.js 平台提供的版本。

通过 npm 安装的模块可以是纯 JavaScript 模块，也可以是 JavaScript 代码和原生 C++ 插件[3]的结合。Node.js 插件是使用 C++ 编写的动态链接共享对象，它们主要用于为运行在 Node.js 中的 JavaScript 与 C/C++ 库之间提供接口。

安装过程中，zeromq 模块还会编译一些底层库。安装命令如下：

```
$ npm install --save --save-exact zeromq@4.2.1
```

其中 `--save` 参数是用于让 npm 在 `package.json` 的 `dependencies` 里记录这个

---

[1] https://opensource.org/licenses/ISC
[2] https://opensource.org/licenses/MIT
[3] http://nodejs.org/api/addons.html

模块的信息。需要注意的是，与第 3.6.1 节讲的开发依赖不同，这里是运行时依赖。

像之前安装 Mocha 一样，我们也采用 --save-exact 严格指定各个模块的版本。实际项目可以选择稍宽松一些的模块版本控制，但本书会严格指定版本。

安装 4.2.1 版的 zeromq，不是因为这个版本有什么特殊的地方，而只是因为这是我写这本书时的最新版本。在实际项目中可以去掉版本号，直接运行 npm install 命令，npm 会自动找到最新版本。

下面是 npm install 命令执行过程中的输出信息，这些输出信息是经过截取的，为了方便排版，我去掉了一些无关内容。

```
$ npm install –save –save-exact zeromq@4.2.1

> zeromq@4.2.1 install ./code/microservices/node_modules/zeromq
> prebuild-install || (npm run build:libzmq && node-gyp rebuild)

prebuild-install info begin Prebuild-install version 2.1.2
prebuild-install info looking for local prebuild @ prebuilds/zeromq-v4.2.1-z...
prebuild-install info looking for cached prebuild @ ~/.npm/_prebuilds/https-...
prebuild-install http request GET
https://github.com/zeromq/zeromq.js/releas...
prebuild-install http 200
https://github.com/zeromq/zeromq.js/releases/downl...
prebuild-install info downloading to @ ~/.npm/_prebuilds/https-github.com-ze...
prebuild-install info renaming to @ ~/.npm/_prebuilds/https-github.com-zerom...
prebuild-install info unpacking @
~/.npm/_prebuilds/https-github.com-zeromq-...
prebuild-install info unpack resolved to ./code/microservices/node_modules/z...
prebuild-install info unpack
required ./code/microservices/node_modules/zero...
prebuild-install info install Prebuild successfully installed!
microservices@1.0.0 ./code/microservices
└─┬ zeromq@4.2.1
  ├── nan@2.6.2
  ├─┬ prebuild-install@2.1.2
  │ ├── ...

npm WARN microservices@1.0.0 No description
npm WARN microservices@1.0.0 No repository field
```

这里间接调用了 prebuild-install，它是用于下载安装 Node.js 预编译二进制文件的命令行工具。我的电脑下载的是 linux-x64 的预编译二进制文件，这是脚本根据当前操作系统自动安装的，ØMQ 团队还提供了 Mac OS X 和 Windows 系统的二进制文件。

如果 prebuild-install 执行失败，则会启用备用安装机制，尝试构建 libzmq C 语言库，然后使用 node-gyp 重新编译 Node.js 插件。node-gyp 是跨平台编译工具，构建中的任何错误都会在控制台输出。请记住这只是备用方案，默认会先安装官方预先构建好的版本。

执行刚才的安装命令时，npm 会下载 zeromq 模块（和它的所有依赖模块）并安装到当前目录的 node_modules 文件夹下。执行以下命令可以测试是否安装成功：

```
$ node -p -e "require('zeromq').version"
4.1.6
```

参数 -e 告诉 Node.js 直接解析后面的字符串，参数 -p 告诉 Node.js 将结果输出到控制台。zeromq 模块的 .version 属性的值是 ØMQ 的二进制文件的版本。

这里得到的版本号是 4.1.6，而不是我们刚才安装 zeromq 时指定的 4.2.1。这是正常的，因为 require 得到的对象的 .version 属性反映的是底层 libzmq 二进制文件的版本，而不是 npm 模块 zeromq 的版本。如果你的运行结果也能正常显示版本号，那说明安装成功了。但如果抛出了错误，则需要先把这个错误解决掉，要保证安装成功才能接着后面的编程。

---

**解决 ØMQ 安装问题**

本书上一版的读者曾抱怨安装 ØMQ 遇到很多问题，特别是在 Windows 系统下。一部分原因是上一版的示例代码依赖 zmq 模块，这个模块在安装过程中会先安装 libzmq C 语言库，然后使用 node-gyp 编译 Node.js 插件。

这一版直接使用官方提供的 zeromq 模块，由于 zeromq 提供了预编译的二进制文件，安装过程顺畅得多。

此外，这一版只有本章用到 ØMQ。如果安装对你来说过于麻烦，我建议你直接跳过安装。本章的内容只需要阅读，不必动手做。

如果你想尝试通过源码编译 ØMQ 模块，则可以查找 zeromq 的在线文档，其中还包含各个平台的编译安装方法。

---

现在安装好了 ØMQ，开始写代码吧！

## 4.2 发布和订阅消息
Publishing and Subscribing to Messages

ØMQ 支持多种不同的消息传送模式，我们先从发布者/订阅者模式（PUB/SUB）讲起。

第3章曾开发监听文件变化的服务器，还开发了连接这个服务器的客户端。它们在 TCP 连接的基础上通过 LDJ 消息格式进行通信。服务器发布 LDJ 消息，任意客户端都可以订阅这个消息。

为了让客户端安全处理消息，我们费了很大劲解决消息拆分问题。还创建了独立的模块，专门用于缓存数据，接收到完整消息后再触发事件。即便如此，最后还是有一些遗留问题没有解决，比如网络中断和服务器重启。

ØMQ 帮我们处理了很多像缓存数据和自动重连这样的底层细节，使得网络开发非常简单。现在我们用 ØMQ 的 PUB/SUB 模式实现文件监听器，看看到底有多简单。这将是一个起点，接下来你会越来越熟悉 ØMQ 的开发方式，也会探索越来越多的消息模式。

### 4.2.1 基于 TCP 的消息发布
Publishing Messages over TCP

先使用 zeromq 模块实现 PUB/SUB 模式中的 PUB 部分。打开编辑器并输入如下代码：

```javascript
// microservices/zmq-watcher-pub.js
'use strict';
const fs = require('fs');
const zmq = require('zeromq');
const filename = process.argv[2];

// Create the publisher endpoint.
const publisher = zmq.socket('pub');

fs.watch(filename, () => {

  // Send a message to any and all subscribers.
  publisher.send(JSON.stringify({
    type: 'changed',
    file: filename,
    timestamp: Date.now()
```

```
    }));
  });
  // Listen on TCP port 60400.
  publisher.bind('tcp://*:60400', err => {
    if (err) {
      throw err;
    }
    console.log('Listening for zmq subscribers...');
  });
```

保存为 zmq-watcher-pub.js 文件。这段代码与第 3 章的有几点不同。我们使用 zeromq 模块取代了 net 模块，把它赋值给 zmq 变量，zmq.socket('pub')将创建一个消息发布节点。

第 3 章的服务端程序，每当有客户端连接成功时，都要调用 watch()函数。现在我们只调用一次 fs.watch()，它的回调函数中调用了发布者的 send()方法，当有文件内容变化时，这个消息会发送给所有的订阅者。

我们先使用 JSON.stringify 将数据转换成字符串，再传送给 publisher.send 发送出去。ØMQ 只会把数据发送出去，不会帮我们做消息序列化。所以，通过 ØMQ 传输消息之前，自己要处理好消息的序列化和反序列化。

最后，使用 publisher.bind('tcp://*:60400')监听 TCP 端口 60400。用如下方式运行 PUB：

```
$ node zmq-watcher-pub.js target.txt
Listening for zmq subscribers...
```

虽然这个服务也是基于 TCP 协议的，但 ØMQ 服务需要匹配 ØMQ 客户端，不能像第 3 章那样简单地使用 nc 建立连接。

下面开发订阅者节点。

## 4.2.2 订阅消息
Subscribing to a Publisher

在 ØMQ 中实现 PUB/SUB 模式的订阅者更简单。打开编辑器并输入如下代码：

microservices/zmq-watcher-sub.js
```js
'use strict';
const zmq = require('zeromq');

// Create subscriber endpoint.
const subscriber = zmq.socket('sub');

// Subscribe to all messages.
subscriber.subscribe('');

// Handle messages from the publisher.
subscriber.on('message', data => {
 const message = JSON.parse(data);
 const date = new Date(message.timestamp);
 console.log(`File "${message.file}" changed at ${date}`);
});

// Connect to publisher.
subscriber.connect("tcp://localhost:60400");
```

保存为 zmq-watcher-sub.js 文件。这段代码先使用 zmq.socket('sub') 创建一个 subscriber 节点，然后执行 subscriber.subscribe('') 告诉ØMQ 接收所有消息。如果只接收特定类型的消息，则可以传入一个字符串作为前缀过滤。注意只有执行了 subscribe 之后，你才能开始接收消息。

subscriber 对象是从 EventEmitter 类继承来的，当它从 publisher 接收到信息时，会立刻触发 message 事件，可以通过 subscriber.on 监听这样的 message 事件。

最后使用 subscriber.connect 建立连接。

现在把两个程序都运行起来，看看它们是如何工作的。先像上一节那样运行 PUB，然后在另一个命令行窗口运行 SUB：

```
$ node zmq-watcher-sub.js
```

最后，打开第三个命令行窗口，使用 touch 命令触发文件内容变化：

```
$ touch target.txt
```

现在回到第二个命令行窗口，你应该能看到如下输出信息：

```
File "target.txt" changed at Tue Mar 01 2016 05:25:39 GMT-0500 (EST)
```

成功了，PUB 程序和 SUB 程序能够建立通信了。让两个程序保持运行，我们

来看看如何在 ØMQ 中处理网络中断。

### 4.2.3　节点之间的自动重连
Automatically Reconnecting Endpoints

如果其中一个节点突然断开连接，会发生什么情况？在 PUB 的命令行窗口按下 Ctrl-C，终止运行。

切换到 SUB 窗口，你会发现好像什么都没有发生。尽管 PUB 已经终止了，SUB 还是像往常一样静静地监听着事件。

切回到第一个窗口，重新启动 PUB，然后再用 touch 命令改变文件。这时 SUB 会输出一条 *File changed* 的消息，就好像它们从未中断过连接一样。

ØMQ 不关心哪个节点先启动，也不管这些节点何时加入网络，它会自动建立连接和重新连接。这个特性对开发者来说非常便利，只需用少量代码就建立起一个稳定的系统。

在前面的例子中，PUB 和 SUB 节点都是使用 zmq.socket 方法创建的，也就是说，不管是 PUB 还是 SUB，都有 bind 和 connect 的能力。示例代码中把 PUB 当做服务端，监听 TCP 端口；把 SUB 当做客户端，连接到服务端。但 ØMQ 并没有规定必须这么做，我们可以反过来，让 SUB 监听 TCP 端口，让 PUB 去建立连接。

当我们设计网络应用架构时，应该让生命周期较长的节点去监听端口，而让生命周期较短的节点作为发起连接的客户端。你需要决定系统中每个部分的角色，哪种消息模式更适合你的需求。你不必一次性把所有事情都定下来，可以在开发过程中随时修改。ØMQ 为分布式应用的架构设计提供了灵活的解决方案。

接下来介绍另一种消息模式：请求/响应模式（REQ/REP）。

## 4.3　响应网络请求
Responding to Requests

请求/响应模式是 Node.js 常用的开发模式。ØMQ 对这种模式的支持非常好，接下来的几章都会用到。这也是 ØMQ 名称中 Q 的来历。

先有请求进来，再有响应出去，REQ/REP 模式的通信方式就是这样一个接着一个的。如果有更多的请求进来，就会进入请求队列，由 ØMQ 依次处理。应用程序每次只处理一个请求。

接下来开发 REQ/REP 模式的程序，我们还是把文件系统作为信息源。这次的剧情不太一样，有一个响应器一直在等待请求，当请求到达时，就把响应内容直接返回。先从 REP 部分开始。

### 4.3.1　实现响应器
Implementing a Responder

打开编辑器并输入如下代码：

```javascript
microservices/zmq-filer-rep.js
'use strict';
const fs = require('fs');
const zmq = require('zeromq');

// Socket to reply to client requests.
const responder = zmq.socket('rep');

// Handle incoming requests.
responder.on('message', data => {

  // Parse the incoming message.
  const request = JSON.parse(data);
  console.log(`Received request to get: ${request.path}`);

  // Read the file and reply with content.
  fs.readFile(request.path, (err, content) => {
    console.log('Sending response content.');
    responder.send(JSON.stringify({
      content: content.toString(),
      timestamp: Date.now(),
      pid: process.pid
    }));
  });

});

// Listen on TCP port 60401.
responder.bind('tcp://127.0.0.1:60401', err => {
  console.log('Listening for zmq requesters...');
});

// Close the responder when the Node process ends.
```

```
process.on('SIGINT', () => {
  console.log('Shutting down...');
  responder.close();
});
```

保存为 zmq-filer-rep.js 文件。这段代码使用 ØMQ 创建了 REP socket，用它来响应接收到的请求。

当 message 事件发生时，先把接收到的原始数据解析成对象，然后调用 fs.readFile() 异步方法读取文件内容。异步方法返回后，再调用响应器的 send() 方法把 JSON 字符串发送出去。响应的 JSON 数据中包含了文件内容、时间戳和 Node.js 的进程号（pid）。

响应器绑定回送地址（IP 127.0.0.1）的 TCP 60401 端口，并等待请求。由于这个服务会读取本地文件的内容并返回给任意请求，为了避免风险，请确保把 IP 设为 127.0.0.1（localhost）。

最后，监听 Node.js 进程的 SIGNT 事件。这是一个 Unix 系统信号，表示系统收到用户的关闭指令，通常是在命令行按下 Ctrl-C。在 SIGNT 回调函数中，妥善地关闭所有连接到响应器的连接。

还是像往常一样启动程序：

```
$ node zmq-filer-rep.js
Listening for zmq requesters...
```

准备好了响应器，还需要客户端来跟它建立连接。

## 4.3.2 发起请求
Issuing Requests

建立连接的工作非常简单。打开编辑器并输入如下代码：

microservices/zmq-filer-req.js
```
'use strict';
const zmq = require('zeromq');
const filename = process.argv[2];

// Create request endpoint.
const requester = zmq.socket('req');
```

```
// Handle replies from the responder.
requester.on('message', data => {
  const response = JSON.parse(data);
  console.log('Received response:', response);
});

requester.connect('tcp://localhost:60401');

// Send a request for content.
console.log(`Sending a request for ${filename}`);
requester.send(JSON.stringify({ path: filename }));
```

保存为 zmq-filer-req.js 文件。这里先创建一个 REQ socket，然后监听 message 事件，把接收到的 JSON 字符串解析成对象，输出到控制台。最后连接到 REP socket 并调用 requester.send() 方法发送请求，请求的参数是一个对象，这个对象包含命令行传过来的文件路径。

把 REQ 和 REP 都运行起来看看，首先要保持刚才的 zmq-file-rep 持续运行，然后新打开一个命令行窗口运行下面的命令：

```
$ node zmq-filer-req.js target.txt
Sending a request for target.txt
Received response: { content: '', timestamp: 1458898367933, pid: 24815 }
```

成功！REP 节点收到请求，读取文件内容，然后返回响应信息。

### 4.3.3 请求/响应模式的同步性
Trading Synchronicity for Scale

基于 ØMQ 开发的 REP/REQ 应用有一个特点，其中的节点每次只处理一件事情，没有并行处理的能力。

我们把 requester 程序稍微改一改，看看是如何同步执行的。打开上一节的 zmq-filer-req.js 文件，把发送请求的语句用 for 循环包起来：

```
for (let i = 1; i <= 5; i++) {
  console.log(`Sending request ${i} for ${filename}`);
  requester.send(JSON.stringify({ path: filename }));
}
```

另存为 zmq-filer-req-loop.js 文件。运行响应器，再运行这个新文件：

```
$ node zmq-filer-req-loop.js target.txt
Sending request 1 for target.txt
Sending request 2 for target.txt
Received response: { content: '', timestamp: 1458902785998, pid: 24674 }
Sending request 3 for target.txt
Sending request 4 for target.txt
Sending request 5 for target.txt
Received response: { content: '', timestamp: 1458902786010, pid: 24674 }
Received response: { content: '', timestamp: 1458902786011, pid: 24674 }
Received response: { content: '', timestamp: 1458902786011, pid: 24674 }
Received response: { content: '', timestamp: 1458902786012, pid: 24674 }
```

可以看到请求一个接一个发出,同时也接收到响应信息。发送和接收的信息是交替输出的,具体的输出顺序取决于什么时候接收到响应。

这样的输出并不意外,再看看响应器的命令行窗口:

```
$ node zmq-filer-rep.js
Listening for zmq requesters...
Received request to get: target.txt
Sending response content.
Received request to get: target.txt
Sending response content.
Received request to get: target.txt
Sending response content.
Received request to get: target.txt
Sending response content.
Received request to get: target.txt
Sending response content.
```

可以看到响应器是逐条响应的,只有处理完上一条请求,才会开始接受下一条消息。也就是说,执行 `fs.readFile()` 方法时,Node.js 事件循环不会触发新事件。

因此,REQ/REP 模式可能不太适合对性能要求较高的场景。接下来我们利用 Node.js 的多进程能力和 ØMQ 的高级特性来提升系统性能。

## 4.4 运用 ROUTER/DEALER 模式
Routing and Dealing Messages

REQ/REP 模式的逻辑非常简单,因为它让请求/响应顺序执行。响应器的代码在一个时刻只能处理一条消息。

ØMQ 有些高级模式来处理并行消息,比如 ROUTER/DEALER 模式。下面先简单了解 ROUTER/DEALER 模式,然后再着手构建 Node.js 集群。

### 4.4.1 ROUTER 节点
Routing Messages

ROUTER socket 可以简单地理解为 REP socket 的并发版。ROUTER socket 可以同时处理多个请求,并记录每个请求来自哪个链接,在响应时会找到对应的来源。

第 3.2 节曾提到只要开发网络应用,就至少会用到一种通信协议。ØMQ 通过 ZeroMQ 消息传输协议(ZMTP)进行消息传输。这个协议中的消息由很多个帧组成。通过这些帧,ROUTER socket 能够记录要响应的目标位置,并在返回响应消息时顺利送达。

大部分情况下,我们不必关心 ØMQ 底层帧的结构,因为简单的消息模式都只用到一个帧,但 ROUTER socket 需要用到多个帧。

下面的例子演示了需要在消息回调函数中接收并处理多个帧:

```
const router = zmq.socket('router');
router.on('message', (...frames) => {
  // Use frames.
});
```

之前的回调函数都是接收一个 data 参数,而这里的消息回调接收帧的数组作为参数。

其中的三个点号...称为 rest 参数,是 ECMAScript 2015 的新特性。rest 参数用在函数声明中,可以用一个数组获取函数的多个参数。

现在我们得到了所有的帧,再看看 DEALER socket 是怎样运行的。

### 4.4.2 DEALER 节点
Dealing Messages

如果说 ROUTER socket 是并行的 REP socket,那么 DEALER 就是并行的 REQ。DEALER socket 可以并行发出多个请求。

来看看 DEALER 和 ROUTER 是如何结合起来用的:

```
const router = zmq.socket('router');
const dealer = zmq.socket('dealer');
```

```
router.on('message', (...frames) => dealer.send(frames));
dealer.on('message', (...frames) => router.send(frames));
```

这里分别创建了 ROUTER 和 DEALER，只要它们中的任何一方接收到消息，就立即把所有的帧转发给对方。

也就是说，我们创建了一个传输管道，ROUTER 接收到请求后转发给 DEALER，然后 DEALER 发送给所有跟它连接的响应器。同样，所有发送给 DEALER 的响应信息都会转发给 ROUTER，然后 ROUTER 会返回给最初的请求方。

使用这种方式，我们开发了一个如图 4.1 所示的消息传输架构。

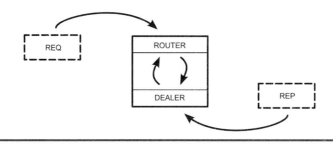

图 4.1　ROUTER/DEALER 架构

图 4.1 中的方框代表我们开发的 Node.js 程序。首先 REQ socket 连接到 ROUTER，当 REQ 发出请求时，ROUTER 把这个请求转发给 DEALER。然后 DEALER 从它连接的 REP 中选择一个，并把请求发送过去。

当 REP 产生了响应信息时，则会按照相反的路径把消息返回回去。当 DEALER 接收到应答消息时，把它转发给 ROUTER，然后 ROUTER 根据消息的帧记录的来源数据决定将消息返回给哪个 REQ。

对 REQ 和 REP socket 来说，它们感知不到有什么变化，还是每次处理一条消息。但 ROUTER/DEALER 可以同时连接多个 REQ 和 REP，并在它们之间进行分发。

学习了 REQ、REP、ROUTER、DEALER，现在可以开发 Node.js 集群应用了！

## 4.5 多进程 Node.js
Clustering Node.js Processes

多线程系统创建的线程数越多,能并行处理的任务就越多。然而,Node.js 是单线程事件循环,为了充分利用多核计算机,我们需要启动多个 Node.js 进程。

可以使用 Node.js 内置的 `cluster` 模块创建子进程,这个过程称为 *clustering*。当服务器上有空余的 CPU 计算资源时,使用 clustering 的方法给 Node.js 应用提升计算能力是很好的办法。

为了演示 `cluster` 模块是如何工作的,我们会开发一个程序来管理多个进程,其中每个工作进程都可以响应请求。也会用到 ROUTER、DEALER 和 REP socket 来分发请求,我们会直接在之前的代码上做修改。

最后,我们将得到一个简洁而功能强大的程序,这个程序实现了多进程工作分配和负载平衡消息传递。

### 4.5.1 使用 fork 创建工作进程
Forking Worker Processes in a Cluster

第 2.2 节曾用 `child_process` 模块的 `spawn()` 方法创建进程。这个方法可以用来创建非 Node.js 进程。如果要给 Node.js 进程创建多个副本,则应该用 `cluster()` 的 `fork()` 方法,因为 `fork()` 是 `spawn()` 的特殊形式,它在内部建立了子进程间的通信通道。

每当执行 `cluster` 模块的 `fork()` 方法时,它都会创建一个一模一样的工作进程。下面的代码演示了 `fork()` 的工作方式:

```
const cluster = require('cluster');

if (cluster.isMaster) {
  // Fork some worker processes
  for (let i = 0; i < 10; i++) {
    cluster.fork();
  }
} else {
  // This is a worker process; do some work.
}
```

先检查当前运行的进程是否是主进程，如果是主进程，则执行 `cluster.fork()` 创建新进程，这个新进程和当前进程运行相同的代码，区别在于它的 `cluster.isMaster` 是 `false`。

通过 `fork()` 创建的进程成为工作进程，它们通过一系列事件与主进程通信。

例如，主进程可以通过下述代码监听子进程是否启动成功：

```
cluster.on('online', worker => console.log(`Worker ${worker.process.pid} is online.`));
```

`online` 事件触发时，会接收到 `worker` 参数，这个 `worker` 对象有一个 `process` 属性，这个 `process` 与其他 Node.js 程序里访问的 `process` 对象是一样的。

同样，主进程也能监听工作进程退出事件：

```
cluster.on('exit', (worker, code, signal) =>
    console.log(`Worker ${worker.process.pid} exited with code ${code}`));
```

`exit` 事件也有 `worker` 参数，另外还接收 `code` 和 `signal` 两个参数。其中 `code` 是进程退出的代码，`signal` 是操作系统终止进程的信号（如 SIGINT 和 SIGTERM）。

## 4.5.2　搭建 Node.js 集群
Building a Cluster

现在可以把所有东西整合起来了，利用之前讨论的 Node.js clustering 和 ØMQ 消息传递模式构建一个应用，它可以将请求分发给多个工作进程。

主进程负责创建 ROUTER 和 DEALER socket，并启动工作进程。每个工作进程都创建 REP socket 并与 DEALER 建立连接。

图 4.2 解释了集群中各个部分是如何分工的，中间的方框表示 Node.js 进程，椭圆形表示 socket 绑定的资源，连接线则指明了各个 socket 与节点之间的连接关系。

主进程是这个架构中最稳定的部分，它负责绑定系统资源。工作进程和客户端都会连接到主进程绑定的节点。需要注意的是，消息传输的方向是由 socket 消息模式决定的，而不是由具体连接的客户端节点决定的。

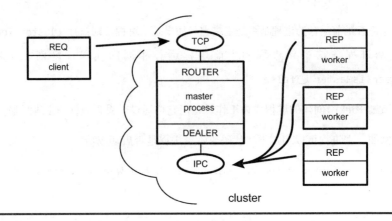

图 4.2 集群结构图

打开编辑器并输入如下代码:

```
microservices/zmq-filer-rep-cluster.js
Line 1  'use strict';
     -  const cluster = require('cluster');
     -  const fs = require('fs');
     -  const zmq = require('zeromq');
     5:
     -  const numWorkers = require('os').cpus().length;
     -
     -  if (cluster.isMaster) {
     -
    10:   // Master process creates ROUTER and DEALER sockets and binds endpoints.
     -    const router = zmq.socket('router').bind('tcp://127.0.0.1:60401');
     -    const dealer = zmq.socket('dealer').bind('ipc://filer-dealer.ipc');
     -
     -    // Forward messages between the router and dealer.
    15:   router.on('message', (...frames) => dealer.send(frames));
     -    dealer.on('message', (...frames) => router.send(frames));
     -
     -    // Listen for workers to come online.
     -    cluster.on('online',
    20:     worker => console.log(`Worker ${worker.process.pid} is online.`));
     -
     -    // Fork a worker process for each CPU.
     -    for (let i = 0; i < numWorkers; i++) {
     -      cluster.fork();
    25:   }
     -
     -  } else {
     -
     -    // Worker processes create a REP socket and connect to the DEALER.
    30:   const responder = zmq.socket('rep').connect('ipc://filer-dealer.ipc');
     -
     -    responder.on('message', data => {
     -
```

```
-      // Parse incoming message.
35:    const request = JSON.parse(data);
-      console.log(`${process.pid} received request for: ${request.path}`);
-
-      // Read the file and reply with content.
-      fs.readFile(request.path, (err, content) => {
40:      console.log(`${process.pid} sending response`);
-        responder.send(JSON.stringify({
-          content: content.toString(),
-          timestamp: Date.now(),
-          pid: process.pid
45:      }));
-      });
-
-    });
-  }
50: }
```

保存为 zmq-filer-rep-cluster.js 文件。这段代码比之前的长得多，但其中的内容都是我们介绍过的，只是把学习过的知识整合起来。

先用 Node.js 内置的 os 模块获取 CPU 数量，实践中通常会根据 CPU 数量启动相应的工作进程数量[1]。如果工作进程数量比 CPU 数量少，则无法充分利用 CPU 资源；如果工作进程数量比 CPU 数量多，则会给操作系统带来负担，因为需要频繁在多个进程间切换计算资源。

然后用 ROUTER 监听 60401 端口，准备接收 TCP 连接。这个集群和之前开发的 zmq-filer-rep.js 具有相似的功能，甚至可以把它们互相替换掉。

第 12 行代码，DEALER 绑定到进程间的通信（IPC）节点，相关知识在第 3.1.4 节介绍过。

为了便于识别，ØMQ IPC 文件以 ipc 扩展名结尾。在本例中，filer-dealer.ipc 文件必须放在当前工作目录中。现在运行这段代码：

```
$ node zmq-filer-rep-cluster.js
Worker 10334 is online.
Worker 10329 is online.
Worker 10335 is online.
Worker 10340 is online.
```

可以看到主进程启动了四个工作进程，且它们都输出了启动成功的消息。打开另一个命令行窗口，运行 REQ 代码（zmq-filer-req-loop.js），它会持续发出请求：

---

[1] https://nodejs.org/api/os.html

```
$ node zmq-filer-req-loop.js target.txt
Sending request 1 for target.txt
Sending request 2 for target.txt
Sending request 3 for target.txt
Sending request 4 for target.txt
Sending request 5 for target.txt
Received response: { content: '', timestamp: 1459330686647, pid: 10334 }
Received response: { content: '', timestamp: 1459330686672, pid: 10329 }
Received response: { content: '', timestamp: 1459330686682, pid: 10335 }
Received response: { content: '', timestamp: 1459330686684, pid: 10334 }
Received response: { content: '', timestamp: 1459330686685, pid: 10329 }
```

我们的集群也像之前的响应程序那样依次处理请求。

需要注意的是，每条响应信息输出的进程 ID 是不同的，也就是说，主进程起到了负载均衡的作用，它负责把请求分配给不同的工作进程。

接下来，我们尝试一种新的消息模式。

## 4.6 推送和拉取消息
### Pushing and Pulling Messages

到目前为止，我们已经介绍了两种最常用的消息通信模式：发布者/订阅者模式和请求/响应模式。ØMQ 还提供了推送/拉取模式（PUSH/PULL）。

### 4.6.1 推送任务给工作进程
#### Pushing Jobs to Workers

当你有一个任务队列，要把这些任务分配给多个工作进程时，PUSH/PULL 模式就非常适用。

在 PUB/SUB 模式里，每个订阅者都会接收到发布者发送的所有消息。而在 PUSH/PULL 模式中，一个拉取方只会收到一条消息。

PUSH socket 也会像 DEALER 分配请求一样，把消息循环分配给多个 socket 连接。但跟 DEALER/ROUTER 信息流不同的是，PUSH 和 PULL 的过程是单向的，没有消息回路，拉取方不会返回消息给发送方。

下面是一个 PUSH/PULL 模式的简单例子，第一部分展示了如何创建 PUSH socket 并推送 100 项任务，需要注意的是，这不是一个完整的例子，只展示了核心功能，不包含绑定端口和建立连接的部分：

```
const pusher = zmq.socket('push');

for (let i = 0; i < 100; i++) {
  pusher.send(JSON.stringify({
    details: `Details about job ${i}.`
  });
}
```

第二部分是相应的 PULL socket：

```
const puller = zmq.socket('pull');

puller.on('message', data => {
  const job = JSON.parse(data.toString());
  // Do the work described in the job.
});
```

PUSH/PULL 模式里的任何一方都可以选择是绑定端口还是发起连接，最终的选择取决于哪部分更稳定。

PUSH/PULL 模式也会带来一些潜在问题，下面逐一介绍。

### 4.6.2　第一名问题
The First-Joiner Problem

出现第一名问题，是因为速度太快。ØMQ 发送消息的速度太快，Node.js 接收消息的速度也太快。由于建立连接是需要时间的，往往第一个 puller 和第二个 puller 建立连接的时间之间有一定间隔，而就在这个时间间隔里，有可能第一个 puller 已经接收了多条消息甚至是所有消息。当第二个 puller 连接成功并开始接收消息时，可能所有的任务都已经被第一名处理完了。

要解决这个问题，必须让 pusher 等待所有 puller 都准备好之后才开始推送消息。我们考虑下面的实际场景。

有一个 Node.js 集群，主进程要把一个任务队列推送出去，接收任务的对象是多个工作进程。工作进程需要通过某种方式告诉主进程它们已经准备好接收消息，还要通过某种方式告诉主进程它们的任务运行结果（见图 4.3）。

图 4.3 中的方框表示 Node.js 进程，椭圆形表示系统资源，连接线表示网络连接，箭头框表示消息类型 job、ready、result 和消息传输的方向。

上半部分是集群的主通信通道。主进程的 PUSH socket 和工作进程的 PULL socket 连接起来，通过这个通道把任务发送给工作进程。

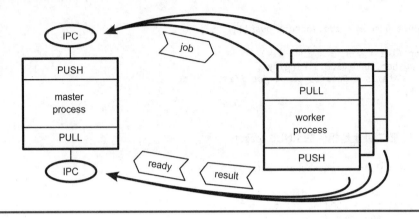

图 4.3 双向通信的 PUSH/PULL 集群

下半部分是集群的反馈通道，工作进程的 PUSH socket 和主进程的 PULL socket 连接起来，通过这个通道把待命状态和任务处理结果反向推送给主进程。

由于主进程是架构中相对稳定的节点，因此，由主进程绑定系统端口，由工作进程来发起连接。所有进程都在同一主机内，因此使用 IPC 进行传输。

### 4.6.3 资源受限问题
The Limited-Resource Problem

另一个常见的问题是资源受限。Node.js 所能访问的系统资源往往受到操作系统的限制，以 Unix 系统为例，这些受限制的资源称为文件描述符。

每当 Node.js 程序执行文件操作或建立 TCP 连接时，都会消耗一个可用的文件描述符。没有可用的文件描述符时，Node.js 就会抛出错误。这对于 Node.js 开发者来说是较为常见的问题。

严格来说，这并不是 PUSH/PULL 模式特有的问题，但它在这个场景下很容易发生。原因是 Node.js 为异步的，puller 进程可能会同时开始多个任务的处理。只要 `message` 事件被触发，Node.js 进程都会执行这个事件的回调函数开始处理任务。如果这个任务需要访问系统资源，那就很可能会导致文件描述符被消耗完。一旦文件描述符消耗完，进程就会立即抛出异常。

如果发现应用抛出 `EMFILE` 或 `ECONNRESET` 异常，那就说明文件描述符被消耗完了。针对这个问题，我有两种解决方案。

第一种方案是设置计数器记录 Node.js 正在处理的任务数量。计数器从零开始，每当开始新任务时计数器加一，每当任务结束时计数器减一。当计数器达到临界值时，就停止接受新任务，直到有任务处理完成才重新开始接受新任务。

第二种方案是把这个问题交给现成的模块去处理。graceful-fs 模块是 Node.js 内置 fs 模块的替代品[1]，它会把文件操作放入任务队列中，当有可用的文件描述符时，就从队列中释放文件操作任务。

## 4.7 小结与练习
### Wrapping Up

本章我们学习了很多新内容，现在来复习一下。

我们学习了 ØMQ，以及如何通过 npm 安装包含 C++ 插件的模块。学习了三种消息通信模式：发布者/订阅者模式、推送/拉取模式、请求/响应模式。

为了解决 ØMQ 请求/响应模式的串行处理的问题，我们使用 dealer/router 组合实现了并行请求，还学习了使用 JavaScript 的 rest 语法获取函数的多个参数。

我们也学习了创建 Node.js 工作进程，以及如何使用这些进程组成集群，在这个过程中还遇到了第一名问题和资源受限问题。

下面是一些附加练习，请用本章学到的知识完成这些练习。

### 4.7.1 异常处理
### Error Handling

`zmq-filer-rep.js` 文件中的代码使用 `fs.readFile` 读取文件内容，但没有处理任何异常情况。

- 如果发生异常，程序应该如何处理？
- 如果要把错误信息返回给请求方，应该如何设计 JSON 对象格式？

在这个代码的末尾，通过监听 Unix 系统的 `SIGINT` 信号来处理用户按下 Ctrl-C 的行为。

---

[1] https://www.npmjs.com/package/graceful-fs

- 如果程序以其他方式关闭，会发生什么？例如 SIGTERM？
- 如果发生了未捕获到的异常，会发生什么？我们应如何处理？（提示：可以监听 process 对象的 uncaughtException 事件。）

### 4.7.2 鲁棒性
Robustness

第 4.5.2 节创建了多个工作进程，搭建了 Node.js 集群。主进程监听 online 事件，工作进程启动后会在命令行输出一条信息。但我们没有指定工作进程结束时应该如何处理。

- 如果在命令行手动杀掉进程，会发生什么？（提示：使用 kill [pid] 命令杀死进程，其中[pid]是工作进程的进程 ID。）
- 当有工作进程终止时，如果希望立即启动一个新进程，应该怎么做？

### 4.7.3 双向消息传输
Bidirectional Messaging

这个小项目要求你把本章学习到的 PUSH/PULL 模式和 Node.js 多进程技术结合起来才能完成。

这个程序将会启动多个工作进程，并把 30 个任务分发给这些进程。看起来要写很多代码，但实际上你的代码量不应该超过 100 行。

这个程序会用到 cluster 和 zmq 模块，并且完成以下功能。

**主进程功能**

- 创建一个 PUSH socket 并绑定到 IPC 端口，这个 socket 用于将任务发送给工作进程。
- 创建一个 PULL socket 并绑定到另外的 IPC 端口，这个 socket 用于接收工作进程的消息。
- 设置计数器，记录工作进程数。
- 监听 PULL socket 的消息（当收到 ready 消息时，计数器加一。当收到

result 消息时，把消息输出到命令行。）

- 启动多个工作进程。
- 当计数器达到 3 时，通过 PUSH socket 发送 30 个 job 消息。

**工作进程功能**

- 创建一个 PULL socket 并连接到主进程的 PUSH 端口。
- 创建一个 PUSH socket 并连接到主进程的 PULL 端口。
- 监听 PULL socket 的 job 消息，当收到 job 消息时，通过 PUSH socket 发送一条 result 消息回去。
- 当进程启动后，通过 PUSH socket 发送一条 ready 消息。

要确保 result 消息至少包含进程 ID，这样才能通过命令行输出的内容检查这些任务是否被合理分配给了多个工作进程。

如果在做练习时遇到困难，可以下载本书的示例代码，看看问题出在哪里。相信你可以做到！加油！

# 第二部分
# 数据处理
Working with Data

无论使用 Node.js 做什么，都必须与数据打交道。

现在你熟悉了 Node.js 的功能和模式，是时候应用这些知识解析、处理、组织、传输数据了。你将学习如何测试和调试 Node.js 程序，并开发功能强大的命令行程序。

# 第 5 章

# 数据转换

## Transforming Data and Testing Continuously

数据一般有两种:你的应用程序生成的数据和来自外部的数据。处理自己生成的数据比较容易,但你不可避免地要处理外部数据。

本章和第 6 章将使用 Node.js 获取真实的数据,然后将其存储在本地。这项工作可以分为两步:将原始数据转换为中间格式,然后将中间数据导入数据库(见图 5.1)。

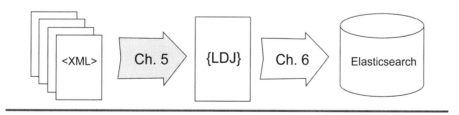

图 5.1 提取数据并存储

本章将学习使用 Node.js 把 XML 数据转换为按行分隔的 JSON 格式(LDJ)。第 6 章将创建一个命令行工具,将 LDJ 数据导入 NoSQL 数据库 Elasticsearch 中。

在编写、测试和调试工具将原始 XML 数据转换为 LDJ 的过程中,我们将学习 Node.js 以下几方面的知识。

### Node.js 核心

使用 Chrome DevTools，可以检查正在运行的 Node.js 程序。我们将学习设置断点，逐步执行运行的 Node.js 代码，以及查看作用域内的变量。

### 开发模式

本章将从 XML 文件中提取数据并转换为 JSON 格式，以便插入文档数据库中。我们将使用基于 DOM 的 XML 解析器 Cheerio，它的 API 与 jQuery 的相似。为了提高使用效率，还会学习一些 CSS 选择器的知识。

### JavaScript 语言特性

使用 Node.js 常常需要在模块中导出无状态函数。本章将使用行为驱动开发（BDD）方式来迭代开发这样一个模块。

### 支持代码

我们将进一步使用 npm，通过添加 npm scripts，分别启动独立模式、测试模式和调试模式下的 Mocha 测试。还会学习使用断言库 Chai，它与 Mocha 紧密配合，能写出更准确的测试。

开始学习前，先准备将要使用的源数据，了解源数据与目标数据的区别。

处理数据有必要开发单元测试。在编写数据处理代码之前，我们会先建立持续运行 Mocha 测试的基础设施。

我们将使用 Cheerio 模块查询原始 XML 数据（该模块可以利用 CSS 选择器查找 HTML 和 XML 数据中的元素），同时学习必要的 CSS 选择器知识。

最后，将使用代码解析原始数据并生成新数据，然后将新数据插入数据库。我们还会学习遍历目录树，以及使用 Chrome 开发工具单步调试代码。

## 5.1 获取外部数据
### Procuring External Data

使用 Node.js 处理数据前，先要获取源数据。我们使用的数据来自古腾堡（电子书）项目。古腾堡项目有一个目录文件包，其中包含 53000 多本图书的 RDF（资源描述框架）文件。RDF 是一种基于 XML 的格式。压缩的目录文件（bz2）约 40 MB。解压后体积略大于 1 GB。

首先，在你的机器上创建两个兄弟目录，分别命名为 databases 和 data。

```
$ mkdir databases
$ mkdir data
```

本章开发的程序和配置文件将放在 databases 项目目录下。除非另有说明，我们都将在这个目录下运行命令行终端。

要处理的源数据文件将放在 data 目录下。本章的例子假设 data 目录是 databases 项目目录的兄弟目录。如果你把 data 目录放在其他位置，请相应地修改路径。

在 data 目录打开命令行终端，运行如下命令：

```
$ cd data
$ curl -O http://www.gutenberg.org/cache/epub/feeds/rdf-files.tar.bz2
$ tar -xvjf rdf-files.tar.bz2
x cache/epub/0/pg0.rdf
x cache/epub/1/pg1.rdf
x cache/epub/10/pg10.rdf
...
x cache/epub/9998/pg9998.rdf
x cache/epub/9999/pg9999.rdf
x cache/epub/999999/pg999999.rdf
```

这些操作将创建一个包含所有 RDF 文件的 cache 目录。每个 RDF 文件都按古腾堡项目编号命名，并包含对应图书的元数据。例如，编号 132 的 RDF 文件是翟林奈（译注：英国学者，汉学家翟理斯之子）1951 年翻译的《孙子兵法》。

以下数据摘自 cache/epub/132/pg132.rdf 文件，其中有我们关心的字段和细节。

```
<rdf:RDF>
  <pgterms:ebook rdf:about="ebooks/132">
    <dcterms:title>The Art of War</dcterms:title>
     <pgterms:agent rdf:about="2009/agents/4349">
       <pgterms:name>Sunzi, active 6th century B.C.</pgterms:name>
     </pgterms:agent>
     <pgterms:agent rdf:about="2009/agents/5101">
       <pgterms:name>Giles, Lionel</pgterms:name>
     </pgterms:agent>
     <dcterms:subject>
       <rdf:Description rdf:nodeID="N26bb21da0c924e5abcd5809a47f231e7">
         <dcam:memberOf rdf:resource="http://purl.org/dc/terms/LCSH"/>
           <rdf:value>Military art and science -- Early works to 1800</rdf:value>
         </rdf:Description>
     </dcterms:subject>
     <dcterms:subject>
       <rdf:Description rdf:nodeID="N269948d6ecf64b6caf1c15139afd375b">
```

```
            <rdf:value>War -- Early works to 1800</rdf:value>
            <dcam:memberOf rdf:resource="http://purl.org/dc/terms/LCSH"/>
          </rdf:Description>
        </dcterms:subject>
    </pgterms:ebook>
</rdf:RDF>
```

我们想要抽取的关键信息如下：

- 古腾堡项目编号（132）
- 书的标题
- 作者名单（agents）
- 主题列表

我们希望将所有这些信息转化成 JSON 文档，存入数据库。以《孙子兵法》英文版为例，采用的 JSON 文档是这样的：

```
{
    "id": 132,
    "title": "The Art of War",
    "authors": [
        "Sunzi, active 6th century B.C.",
        "Giles, Lionel"
    ],
    "subjects": [
        "Military art and science — Early works to 1800",
        "War — Early works to 1800"
    ]
}
```

为了获得信息生成这样的 JSON 文档，必须解析 RDF 文件。这个过程为我们学习 BDD 提供了非常好的机会。

## 5.2 基于 Mocha 和 Chai 的行为驱动开发
Behavior-Driven Development with Mocha and Chai

众所周知，测试可以检查代码质量。我们要运用的 BDD 方式主张在编写代码之前，就在测试中阐明程序的预期行为。

BDD 并非适用于所有编程问题，但它对数据处理却非常有效。由于程序的输入和输出数据定义很清晰，所以在实现功能前就能准确描述预期的行为。

除了运用 BDD，还将使用断言库 Chai，让它与 Mocha 配合工作。

当然，你也可以直接使用 Mocha 或其他测试框架，而不使用断言库。那为什么要使用它呢？使用 Chai 这样的断言库，可以使测试条件更易读，更易于维护。

Chai 支持几种不同风格的断言，每种都有优点和缺点。我们将使用 Chai 的 expect 风格。它的语法简单易读，比其他两种风格（assert 和 should）更平衡。

下面举两个例子，先使用 Node.js 的内置 assert 模块，再使用 Chai 的 expect 风格。

```
assert.ok(book.authors, 'book should have authors');
assert.ok(Array.isArray(book.authors), 'authors should be an array');
assert.equal(book.authors.length, 2, 'authors length should be 2');
```

代码可以分解如下：确认 book 对象具有名为 authors 的属性，该属性是一个长度为 2 的数组。作为对照，下面的例子使用 Chai 的 expect() 方法：

```
expect(book).to.have.a.property('authors')
  .that.is.an('array').with.lengthOf(2);
```

相比之下，后者读起来更流畅（像诗一样）。下面让我们为这个项目配置好 Mocha 和 Chai，然后深入了解如何充分利用 expect()。

## 5.2.1 配置 Mochai 和 Chai
Setting Up Tests with Mocha and Chai

首先安装 Mocha 和 Chai。打开终端，在 databases 项目目录创建 package.json 文件，然后使用 npm 安装 Mocha 和 Chai。

```
$ cd databases
$ npm init -y
$ npm install --save-dev --save-exact mocha@2.4.5 chai@3.5.0
```

打开 package.json 进行编辑。找到 scripts 部分并更新 test 入口。

```
"scripts": {
  "test": "mocha"
}
```

test 入口将以默认参数调用 Mocha。这样可使用 npm test 一次运行所有单元测试。

默认情况下，Mocha 会搜索 test 目录中的测试用例。现在创建一个 test 目录。

```
$ mkdir test
```

在 databases 项目目录打开终端,运行 npm test,看看会发生什么。

```
$ npm test
> @ test ./databases
> mocha

0 passing (2ms)
```

Mocha 成功运行了,但我们还没有可以运行的测试,下面添加一个测试。

### 5.2.2 使用 Chai 声明断言
Declaring Expectations with Chai

Mocha 已准备好运行测试了,打开文本编辑器并输入以下代码:

```
databases/test/parse-rdf-test.js
'use strict';

const fs = require('fs');
const expect = require('chai').expect;

const rdf = fs.readFileSync(`${__dirname}/pg132.rdf`);

describe('parseRDF', () => {
    it('should be a function', () => {
        expect(parseRDF).to.be.a('function');
    })
})
```

另存为 parse-rdf-test.js 文件,存放在 databases/test 目录下。

这段代码首先引入 fs 模块和 Chai 的 expect() 函数,然后通过 fs.readFileSync 加载 RDF 文件。虽然在 Node.js 中,大多数时候要避免同步 I/O,但这个例子需要完全读取文件才能正确执行测试,所以这样用是可以的。

以上设置中,我们使用 Mocha 的 describe() 和 it() 函数来声明尚未实现的 parseRDF() 函数行为。可以看到使用 expect() 描述的期望有很好的可读性。这里我们只要求 parseRDF 是函数,后面还会添加更多要求。

再次运行 npm test 之前,需要将 pg132.rdf 复制到 test 目录。从 databases 项目目录运行以下命令:

```
$ cp ../data/cache/epub/132/pg132.rdf test/
```

现在我们已经准备好再次运行 `npm test`。

```
$ npm test

> @ test ./databases
> mocha


  parseRDF
    1) should be a function

  0 passing (11ms)
  1 failing

  1) parseRDF should be a function:
     ReferenceError: parseRDF is not defined
      at Context.it (test/parse-rdf-test.js:14:12)

npm ERR! Test failed.  See above for more details.
```

不出所料，测试失败了。未定义的 `parseRDF` 不可能是函数。

现在我们来创建 `parse-rdf` 库，它将定义 `parseRDF()` 函数。

## 5.2.3 让代码通过测试
Developing to Make the Tests Pass

首先，在 `databases` 项目目录下创建一个名为 `lib` 的新目录。将模块实现代码放在 `lib` 目录下是 Node.js 社区普遍遵守的约定。

打开编辑器并输入以下内容：

**databases/lib/parse-rdf.js**
```js
'use strict';

module.exports = rdf => {
};
```

另存为 `parse-rdf.js` 文件，保存在 `databases/lib` 目录下。

目前，这个库仅将一个函数赋值给 `module.exports`。尽管这个函数只接受一个名为 `rdf` 的参数，且无返回值，但是它足以通过测试。我们来试一下。

回到 `parse-rdf-test.js` 文件，在使用 `require` 引入 Chai 这行代码的后面添加一行代码，使用 `require` 引入刚刚创建的模块：

## databases/test/parse-rdf-test.js
```
const parseRDF = require('../lib/parse-rdf.js');
```

这里，我们将 parse-rdf.js 文件中赋值给 module.exports 的匿名函数保存到名为 parseRDF 的常量中。

保存文件后，重新运行 npm test。

```
$ npm test

> @ test ./databases
> mocha


  parseRDF
    ✓ should be a function

  1 passing (8ms)
```

通过了！我们已经准备好了测试工具，接下来可以逐步完善 RDF 解析器了。

### 5.2.4 使用 Mocha 进行持续测试
Enabling Continuous Testing with Mocha

回到 parse-rdf-test.js 文件，继续添加断言。将以下代码插入 describe() 回调函数中 it('should be a function')行的后面：

## databases/test/parse-rdf-test.js
```
it('should parse RDF content', () => {
  const book = parseRDF(rdf);
  expect(book).to.be.an('object');
});
```

当调用 parseRDF()函数时，以上断言将得到一个对象。由于该函数当前不返回任何内容（undefined），所以此时运行 npm test 肯定会失败。

```
$ npm test

> @ test ./databases
> mocha


  parseRDF
    ✓ should be a function
    1) should parse RDF content

  1 passing (45ms)
```

```
1 failing

1) parseRDF should parse RDF content:
   AssertionError: expected undefined to be an object
    at Context.it (test/parse-rdf-test.js:24:24)
```

npm ERR! Test failed.  See above for more details."

不用担心，只要在 parseRDF() 函数中添加代码，创建并返回一个对象，测试就能通过。在 parse-rdf.js 文件中，对导出的函数做出以下扩展：

databases/lib/parse-rdf.js
```
module.exports = rdf => {
  const book = {};
  return book;
};
```

再运行 npm test 就能通过了。

```
$ npm test

> @ test ./databases
> mocha


  parseRDF
    ✓ should be a function
    ✓ should parse RDF content (38ms)

  2 passing (46ms)
```

你可能已意识到，像这样来回添加测试和实现逻辑是一种可行的开发模式。

（1）为测试添加新的判断条件。

（2）运行测试，测试失败。

（3）修改正在被测试的代码。

（4）运行测试，测试通过。

通过持续运行测试，可以显著加快步骤（2）和步骤（4）的测试速度，而不必每次都从命令行调用 npm test。

Mocha 现在可以派上用场了。打开 --watch 选项并运行 Mocha，它将持续监控所有以 .js 结尾的文件，在测试文件发生变化时重新运行测试。

下面我们在 package.json 中添加一个脚本，以这种模式运行 Mocha：

```
"scripts": {
  "test": "mocha",
  "test:watch": "mocha --watch --reporter min"
}
```

现在，可以使用 npm run test:watch 开始持续监控，而不用每次都执行 npm test。--reporter min 选项的作用是清理屏幕，并为通过的测试输出最简单的结果，而失败的测试仍输出完整的结果。

在终端上试试这个命令：

```
$ npm run test:watch
```

如果一切正常，终端上的内容应该被清除，你应该只看到如下内容：

```
2 passing (44ms)
```

Mocha 还内置许多报表，可以在 Mocha 网站上查阅[1]。

让 Mocha 继续运行并监控文件的变化，下面开始新一轮的开发。

## 5.3 提取数据
### Extracting Data from XML with Cheerio

现在 test/parse-rdf-test.js 中已经有两个成功通过的测试，这些测试的功能由 lib/parse-rdf.js 中的模块提供。本节将扩展测试以覆盖解析 RDF 文件的所有要求。

为了提取需要的数据属性，我们要解析 RDF（XML）文件。解析、遍历、查询 XML 文件的方法有很多种。下面先介绍几种候选方法，然后安装和使用 Cheerio。

### 5.3.1 提取 XML 数据
### Considering XML Data Extraction Options

本章把 RDF 文件当作普通的 XML 文件进行分析和提取。这样做的好处是你学到的技能也能用于解析其他的 XML 和 HTML 文件。

---

[1] https://mochajs.org/#reporters

处理较小的文件，我喜欢使用 Cheerio[1]。Cheerio 是一个轻量的 Node.js 模块，提供了一个类似于 jQuery 的 API 来处理 HTML 和 XML 文档。Cheerio 的优势在于它可以方便地使用 CSS 选择器访问文档，而不需要搭建浏览器环境。

Node.js 有不少支持 DOM 的 XML 解析器，Cheerio 不是唯一的选择，比较受欢迎的还有 *xmldom*[2] 和 *jsdom*[3] 等，它们都遵循 W3C 的 DOM 规范。

如果处理的 XML 文件非常大，就需要 SAX 解析器。SAX 是 Simple API for XML 的缩写，它把 XML 文件当作标记流，让程序按顺序处理。DOM 解析器将文件视为一个整体，而 SAX 解析器一次只处理一小段文件。

与 DOM 解析器相比，SAX 解析器的速度非常快且占用内存少，但使用 SAX 解析器必须跟踪正在处理的文档结构。别担心，我有丰富的使用 sax Node.js 模块解析大 XML 文件的经验[4]。

处理 RDF/XML 文件也有专用的工具。如果处理链表数据，把它转换为 JSON-LD 也许更方便（JSON-LD 是一个轻量的链表数据结构）。

JSON-LD 之于 JSON 正如 RDF 之于 XML[5]。使用 JSON-LD 不仅可以表达 JSON 允许的层级结构，还可以表达实体间的关系。jsonld 模块使用起来也很方便[6]。

选用哪种方法取决于具体的使用场景。如果文件很大，就需要 SAX 解析器。如果需要保留数据中的结构化关系，那么 JSON-LD 就比较合适。

我们的任务是从本地的小文件中提取数据，因此 Cheerio 是比较适合的工具。

## 5.3.2　Cheerio 入门
Getting Started with Cheerio

先使用 npm 安装 Cheerio，并保存依赖。

```
$ npm install --save --save-exact cheerio@0.22.0
```

请注意版本号。由于 Cheerio 以前没有遵循语义化版本号的约定，如果你安装了 0.22.0 之外的版本，示例可能无法正常工作。

---

[1] https://www.npmjs.com/package/cheerio
[2] https://www.npmjs.com/package/xmldom
[3] https://www.npmjs.com/package/jsdom
[4] https://www.npmjs.com/package/sax
[5] https://json-ld.org/spec/latest/json-ld/
[6] https://www.npmjs.com/package/jsonld

使用 Cheerio 之前，先创建一些可以通过的 BDD 测试。如果 Mocha 还没有持续运行，请在 databases 项目目录打开终端并运行以下命令：

```
$ npm run test:watch
```

它应该会清理屏幕并报告有两个合格的测试：

```
2 passing (44ms)
```

好了！现在我们要求由 parseRDF() 返回的 book 对象含有《孙子兵法》的正确 ID。打开 parse-rdf-test.js 文件，并完善第二个测试，添加一个检查来确认 book 对象的 id 属性包含数字 132。

databases/test/parse-rdf-test.js
```
it('should parse RDF content', () => {
  const book = parseRDF(rdf);
  expect(book).to.be.an('object');
  expect(book).to.have.a.property('id', 132);
});
```

这段代码利用了 Chai 的链式 BDD API，后面还会反复用到。

由于我们还没有实现给返回的 book 对象添加 id 属性的逻辑，保存文件后，Mocha 终端中的报告应该如下：

```
1 passing (4ms)
1 failing

1) parseRDF should parse RDF content:
   AssertionError: expected {} to have a property 'id'
    at Context.it (test/parse-rdf-test.js:32:28)
```

不出所料，测试失败了。

接下来使用 Cheerio 提取需要的 4 个字段：书籍编号、标题、作者、主题。

### 5.3.3 提取属性
Reading Data from an Attribute

我们要使用 Cheerio 提取的第一条信息是书籍编号。包含书籍编号（如 132）的 XML 标签是这样的：

```
<pgterms:ebook rdf:about="ebooks/132">
```

打开 lib/parse-rdf.js 文件，做如下修改：

databases/lib/parse-rdf.js
```
'use strict';
const cheerio = require('cheerio');

module.exports = rdf => {
  const $ = cheerio.load(rdf);

  const book = {};

  book.id = +$('pgterms\\:ebook').attr('rdf:about').replace('ebooks/', '');

  return book;
};
```

这段代码在第 5.2.4 节版本的基础上增加了三项内容。

- 在顶部引用 Cheerio 模块。

- 在导出的函数内部，使用 Cheerio 的 load() 方法解析 rdf 内容。返回的 $ 函数非常像 jQuery 的 $ 函数。

- 使用 Cheerio 的 API，提取本书的编号并将其格式化。

设置 book.id 的那行代码比较晦涩，让我们来进行分解。下面是相同的代码，增加了换行和注释，方便讲解。

```
book.id =                        // Set the book's id.
  +                              // Unary plus casts the result as a number.
  $('pgterms\\:ebook')           // Query for the <pgterms:ebook> tag.
    .attr('rdf:about')           // Get the value of the rdf:about attribute.
    .replace('ebooks/', '');     // Strip off the leading 'ebooks/' substring.
```

在 CSS 中，冒号（:）有特殊的含义，它被用来引入伪选择器，如 :hover 表示正在悬浮状态的超链接。在我们的例子中，<pgterms:ebook>标签名称中含有冒号，所以必须用反斜杠将其转义。但反斜杠是 JavaScript 字符串中的特殊字符，也需要转义。因此，我们用于查找标签的查询选择器是 pgterms\\:ebook。

选中 pgterms:ebook 标签后，提取 rdf:about 属性的值，并删除前面的 ebooks/字符串，只留下字符串"132"。行首的加号（+）可确保将结果转换为数字。

如果一切顺利，运行 Mochai 持续测试的终端应该显示两条测试通过。

### 5.3.4 读取文本节点
Reading the Text of a Node

接下来为书的标题属性添加一个测试。在 book ID 的测试后面插入以下代码：

```
databases/test/parse-rdf-test.js
expect(book).to.have.a.property('title', 'The Art of War');
```

持续测试终端应该显示如下：

```
1 passing (3ms)
1 failing

1) parseRDF should parse RDF content:
   AssertionError: expected { id: 132 } to have a property 'title'
    at Context.it (test/parse-rdf-test.js:35:28)
```

现在要提取 title 并将其添加到返回的 book 对象中。RDF 文件中包含 title 的 XML 内容如下所示：

```
<dcterms:title>The Art of War</dcterms:title>
```

提取 title 比提取 ID 容易。将以下内容添加到 parse-rdf.js 文件中，放在设置 book.id 的行后面：

```
databases/lib/parse-rdf.js
book.title = $('dcterms\\:title').text();
```

使用 Cheerio 选择名为 dcterms:title 的标签并将其内容保存到 book.text 属性中。保存文件后，测试应该就能通过了。

### 5.3.5 获取数组
Collecting an Array of Values

接下来为作者数组添加测试用例。打开 parse-rdf-test.js 文件，添加如下内容：

```
databases/test/parse-rdf-test.js
expect(book).to.have.a.property('authors')
  .that.is.an('array').with.lengthOf(2)
  .and.contains('Sunzi, active 6th century B.C.')
  .and.contains('Giles, Lionel');
```

这里我们看到了 Chai 断言的表现力。这行代码就像英文句子一样容易理解。

在 Chai 的链式语法中，像 and、that、which 这些词在很大程度上是可以互换的。你可以根据需要写出像 .and.contains('X')或.that.contains('X') 这样的句子。

保存修改后的文件，持续测试终端会再次报告一个用例测试失败：

```
1 passing (11ms)
1 failing

1) parseRDF should parse RDF content:
   AssertionError: expected { id: 132, title: 'The Art of War' } to have a
   property 'authors'
    at Context.it (test/parse-rdf-test.js:39:28)
```

为了让测试用例通过，我们需要从如下的标签中提取内容：

```
<pgterms:agent rdf:about="2009/agents/4349">
  <pgterms:name>Sunzi, active 6th century B.C.</pgterms:name>
</pgterms:agent>
<pgterms:agent rdf:about="2009/agents/5101">
  <pgterms:name>Giles, Lionel</pgterms:name>
</pgterms:agent>
```

下面提取<pgterms:agent>下每个子标签<pgterms:name>的文本内容。使用 CSS 选择器 pgterms:agent pgterms:name 查找需要的元素：

```
$('pgterms\\:agent pgterms\\:name')
```

你也许想像这样直接获取文本：

```
book.authors = $('pgterms\\:agent pgterms\\:name').text();
```

不幸的是，这样做无法得到我们想要的结果。因为 Cheerio 的 text()方法只返回一个字符串，而我们需要的是一个字符串数组。应该将下面的代码添加到 parse-rdf.js 文件中 book.title 部分的后面。

databases/lib/parse-rdf.js
```
book.authors = $('pgterms\\:agent pgterms\\:name')
  .toArray().map(elem => $(elem).text());
```

调用 Cheerio 的 .toArray()方法将集合对象转换为 JavaScript Array 对象。这样就能使用原生 map()方法创建一个新的数组，数组元素是调用每个元素上提供的函数的返回值。

不幸的是，`toArray()`返回的对象集合不是 Cheerio 的包装对象，而是文档节点。要使用 Cheerio 的 `text()`提取文本，需要使用`$`函数包装每个节点，然后调用`text()`。最终的映射函数是 `elem => $(elem).text()`。

### 5.3.6 遍历文档
Traversing the Document

最后，我们要从 RDF 文件提取主题列表。

```
<dcterms:subject>
  <rdf:Description rdf:nodeID="N26bb21da0c924e5abcd5809a47f231e7">
    <dcam:memberOf rdf:resource="http://purl.org/dc/terms/LCSH"/>
    <rdf:value>Military art and science -- Early works to 1800</rdf:value>
  </rdf:Description>
</dcterms:subject>

<dcterms:subject>
  <rdf:Description rdf:nodeID="N269948d6ecf64b6caf1c15139afd375b">
    <rdf:value>War -- Early works to 1800</rdf:value>
    <dcam:memberOf rdf:resource="http://purl.org/dc/terms/LCSH"/>
  </rdf:Description>
</dcterms:subject>
```

我们还是先添加测试。将以下代码添加到 parse-rdf-test.js 里，放在其他测试后面。

**databases/test/parse-rdf-test.js**
```
expect(book).to.have.a.property('subjects')
  .that.is.an('array').with.lengthOf(2)
  .and.contains('Military art and science -- Early works to 1800')
  .and.contains('War -- Early works to 1800');
```

获取主题要棘手一些。现在可以构造这样一个 CSS 选择器：

```
$('dcterms\\:subject rdf\\:value')
```

但是，这个选择器也会匹配文档中另一个我们不需要的标签。

```
<dcterms:subject>
  <rdf:Description rdf:nodeID="Nfb797557d91f44c9b0cb80a0d207eaa5">
    <dcam:memberOf rdf:resource="http://purl.org/dc/terms/LCC"/>
    <rdf:value>U</rdf:value>
  </rdf:Description>
</dcterms:subject>
```

注意看`<dcam:memberOf>`标签的`rdf:resources`属性中的 URL。我们需要的内容应该以 LCSH 结尾，LCSH 代表美国国会图书馆标题词表[1]。而 LCC 代表美国国会图书馆分类[2]。它将所有知识划分为 21 个顶级类（如用于军事科学的 U）。LCC 未来可能会有用，但现在只需要主题词。

将以下代码添加到`parse-rdf.js`中，持续测试应该可以通过了。

databases/lib/parse-rdf.js
```
book.subjects = $('[rdf\\:resource$="/LCSH"]')
  .parent().find('rdf\\:value')
  .toArray().map(elem => $(elem).text());
```

下面来解释一下这段代码。首先，使用 CSS 选择器`[rdf\:resource$="/LCSH"]`选择感兴趣的`<dcam:memberOf>`标签。中括号引入了一个 CSS 属性选择器，`$=`表示需要`rdf:resource`属性以`/LCSH`结尾的元素。

接下来，使用 Cheerio 的`.parent()`方法遍历当前元素的父元素。也就是`<rdf:Description>`标签。然后使用`.find()`遍历所有的`<rdf:value>`子元素。

最后，将 Cheerio 选择对象转换为`Array`对象并使用`.map()`获取每个元素的文本内容。这样，所有测试用例都应该可以通过，这意味着`parseRDF()`函数可以正确提取数据了。

## 5.3.7 预测格式变更
Anticipating Format Changes

继续学习前，简单提一下，古腾堡项目有一个老版本的 RDF 格式，其主题如下所示：

```
<dcterms:subject>
  <rdf:Description>
    <dcam:memberOf rdf:resource="http://purl.org/dc/terms/LCSH"/>
    <rdf:value>Military art and science -- Early works to 1800</rdf:value>
    <rdf:value>War -- Early works to 1800</rdf:value>
  </rdf:Description>
</dcterms:subject>
```

每个主题的`<rdf:value>`不是放在各自的`<dcterms:subject>`标签中，而是聚集在同一个`<dcterms:subject>`中。现在想想我们刚刚编写的遍历代码。通过查找`/LCSH`标签，找到其父元素`<rdf:Description>`，然后向下搜索`<rdf:value>`标

---

[1] https://en.wikipedia.org/wiki/Library_of_Congress_Subject_Headings
[2] https://en.wikipedia.org/wiki/Library_of_Congress_Classification

签，我们的代码可以同时处理老版本和最新版本的数据。

第三方数据随时有可能发生变化。一旦发生变化，你的代码很可能就无法继续正常工作。工作中应该对这些类问题保持警惕。采用 BDD 的优势在于，如果数据格式发生了变化，你可以添加更多测试。这会使你有信心兼容新老格式。

### 5.3.8 完善数据提取
Recapping Data Extraction with Cheerio

经过不断完善，最后的 `parse-rdf-test.js` 应该是这样的：

```
databases/test/parse-rdf-test.js
'use strict';

const fs = require('fs');
const expect = require('chai').expect;
const parseRDF = require('../lib/parse-rdf.js');

const rdf = fs.readFileSync(`${__dirname}/pg132.rdf`);

describe('parseRDF', () => {
  it('should be a function', () => {
    expect(parseRDF).to.be.a('function');
  });

  it('should parse RDF content', () => {
    const book = parseRDF(rdf);

    expect(book).to.be.an('object');
    expect(book).to.have.a.property('id', 132);
    expect(book).to.have.a.property('title', 'The Art of War');

    expect(book).to.have.a.property('authors')
      .that.is.an('array').with.lengthOf(2)
      .and.contains('Sunzi, active 6th century B.C.')
      .and.contains('Giles, Lionel');

    expect(book).to.have.a.property('subjects')
      .that.is.an('array').with.lengthOf(2)
      .and.contains('Military art and science -- Early works to 1800')
      .and.contains('War -- Early works to 1800');
  });
});
```

这是 `parse-rdf.js`：

```
databases/lib/parse-rdf.js
'use strict';
const cheerio = require('cheerio');
```

```js
module.exports = rdf => {
  const $ = cheerio.load(rdf);

  const book = {};

  book.id = +$('pgterms\\:ebook').attr('rdf:about').replace('ebooks/', '');

  book.title = $('dcterms\\:title').text();

  book.authors = $('pgterms\\:agent pgterms\\:name')
    .toArray().map(elem => $(elem).text());

  book.subjects = $('[rdf\\:resource$="/LCSH"]')
    .parent().find('rdf\\:value')
    .toArray().map(elem => $(elem).text());

  return book;
};
```

利用这些代码，可以快速开发出一个命令行程序来提取其他 RDF 文件。打开编辑器并输入如下代码：

**databases/rdf-to-json.js**
```js
#!/usr/bin/env node
const fs = require('fs');
const parseRDF = require('./lib/parse-rdf.js');
const rdf = fs.readFileSync(process.argv[2]);
const book = parseRDF(rdf);
console.log(JSON.stringify(book, null, '  '));
```

另存为 `rdf-to-json.js` 文件，放到 `databases` 项目目录中。这个程序接受 RDF 文件名作为参数，然后读取和解析内容，生成 JSON 格式的文本，最后输出。

以前调用 `JSON.stringify()` 时，我们只传递一个参数，即要序列化的对象。这里我们传递三个参数来获得更整齐的输出。第二个参数（`null`）是一个可选的替换函数，可用于过滤（这在实践中不常用）。最后一个参数（`'  '`）用于缩进嵌套对象，使输出更易读。

让我们试一下！在 `databases` 项目目录打开终端并运行如下代码：

```
$ node rdf-to-json.js ../data/cache/epub/11/pg11.rdf
{
  "id": 11,
  "title": "Alice's Adventures in Wonderland",
  "authors": [
    "Carroll, Lewis"
  ],
  "subjects": [
    "Fantasy"
```

        ]
    }

看到这个结果就说明成功了。接下来可以批量执行这些转换了。

## 5.4 依次处理数据文件
### Processing Data Files Sequentially

现在 `lib/parse-rdf.js` 文件已经可以稳定地将 RDF 内容转换为 JSON 文档了。剩下的工作就是遍历古腾堡项目目录并收集所有的 JSON 文档。

具体来说，还要完成以下几项任务：

（1）遍历 data/cache/epub 目录，查找以 .rdf 结尾的文件。

（2）读取每个 RDF 文件。

（3）通过 parseRDF()解析 RDF 内容。

（4）将解析的 JSON 对象放到一个文件里。

我们将使用 Elasticsearch 作为数据库。Elasticsearch 是文档型数据库，它可以索引 JSON 对象。第 6 章还会继续学习如何将 Elasticsearch 与 Node.js 有效地结合使用。你将学习安装、配置它，并充分利用其基于 HTTP 的 API。

现在的任务是将古腾堡数据转换为可以批量导入的中间格式。

Elasticsearch 有一个批量导入 API，可以一次导入多条记录。我们也可以一次插入一条记录，但使用批量插入 API 的速度要快得多。

要创建的文件的格式在 Elasticsearch 的批量导入 API 页面有详细介绍[1]。它是一个 LDJ 文件，LDJ 文件由一系列操作和将要被执行操作的源对象构成。

要执行的操作是 *index*，即将新文档插入索引中。源对象是 `parseRDF()`返回的 `book` 对象。操作在上，被操作的源对象在下，这里有一个例子：

```
{"index":{"_id":"pg11"}}
{"id":11,"title":"Alice's Adventures in Wonderland","authors":...}
```

另一个例子：

---
[1] https://www.elastic.co/guide/en/elasticsearch/reference/5.2/docs-bulk.html

```
{"index":{"_id":"pg132"}}
{"id":132,"title":"The Art of War","authors":...}
```

可以看到，操作本身就是独立成行的 JSON 对象，而源对象紧随下一行。Elasticsearch 的批量导入 API 对操作和源对象的数量没有任何限制，如下所示：

```
{"index":{"_id":"pg11"}}
{"id":11,"title":"Alice's Adventures in Wonderland","authors":...}
{"index":{"_id":"pg132"}}
{"id":132,"title":"The Art of War","authors":...}
```

索引操作的 _id 字段是 Elasticsearch 用于标识文档的唯一标识符。我在古腾堡项目 ID 前面加上字符串 pg。如果将来有其他文档要存储在同一个索引中，就不会与古腾堡项目的数据发生冲突。

要查找并打开 data/cache/epub 目录下的每个 RDF 文件，可以使用名为 node-dir 的模块。先安装、保存 node-dir 模块：

```
$ npm install --save --save-exact node-dir@0.1.16
```

这个模块有些遍历目录树的方法。遍历目录树时，使用 readFiles() 方法依次读取文件。

使用这个方法遍历所有 RDF 文件，并通过 RDF 解析器进行解析。打开编辑器并输入如下代码：

databases/rdf-to-bulk.js
```
'use strict';

const dir = require('node-dir');
const parseRDF = require('./lib/parse-rdf.js');

const dirname = process.argv[2];

const options = {
  match: /\.rdf$/,        // Match file names that in '.rdf'.
  exclude: ['pg0.rdf'],   // Ignore the template RDF file (ID = 0).
};

dir.readFiles(dirname, options, (err, content, next) => {
  if (err) throw err;
  const doc = parseRDF(content);
  console.log(JSON.stringify({ index: { _id: `pg${doc.id}` } }));
  console.log(JSON.stringify(doc));
  next();
});
```

另存为 rdf-to-bulk.js 文件，放在 databases 项目目录下。这段程序将遍历目录并寻找除 pg0.rdf 以外的以 .rdf 结尾的文件。

程序读取每个文件的内容，通过 RDF 解析器处理，生成适用于 Elasticsearch 批量导入 API 的 LDJ 格式数据。

运行程序：

```
$ node rdf-to-bulk.js ../data/cache/epub/ | head
```

如果一切顺利，你应该看到由操作和源对象交替组成的 10 行输出。为了便于排版，这里我省略了部分细节，如下所示：

```
{"index":{"_id":"pg1"}}
{"id":1,"title":"The Declaration of Independence of the United States of Ame...
{"index":{"_id":"pg10"}}
{"id":10,"title":"The King James Version of the Bible","authors":[],"subject...
{"index":{"_id":"pg100"}}
{"id":100,"title":"The Complete Works of William Shakespeare","authors":["Sh...
{"index":{"_id":"pg1000"}}
{"id":1000,"title":"La Divina Commedia di Dante: Complete","authors":["Dante...
{"index":{"_id":"pg10000"}}
{"id":10000,"title":"The Magna Carta","authors":["Anonymous"],"subjects":["M...
```

因为 head 命令在回显初始行之后关闭了管道，所以有时会导致 Node.js 抛出异常，并报告以下错误：

```
events.js:160
      throw er; // Unhandled 'error' event
      ^

Error: write EPIPE
    at exports._errnoException (util.js:1022:11)
    at WriteWrap.afterWrite [as oncomplete] (net.js:804:14)
```

为了解决这个问题，你可以捕获 process.stdout 流上的 error 事件。将以下代码添加到 rdf-to-bulk.js 文件里，并重新运行。

```
process.stdout.on('error', err => process.exit());
```

当 head 关闭管道后，再使用 console.log 会触发错误事件侦监听器，然后静默退出该进程。如果担心还有 EPIPE 以外的其他错误，可以检查 err 对象的 code 属性并根据需要采取相应措施。

```
process.stdout.on('error', err => {
  if (err.code === 'EPIPE') {
    process.exit();
  }
  throw err;  // Or take any other appropriate action.
});
```

现在让 rdf-to-bulk.js 运行起来。使用以下命令捕获 LDJ 输出,并输出到名为 bulk_pg.ldj 的新文件中。

```
$ node rdf-to-bulk.js ../data/cache/epub/ > ../data/bulk_pg.ldj
```

执行该命令需要较长的时间,因为 rdf-to-bulk.js 将遍历 epub 目录,解析每个文件并为它增加 Elasticsearch 操作。完成后 bulk_pg.ldj 文件大小约为 11 MB。

## 5.5 使用 Chrome DevTools 调试测试
Debugging Tests with Chrome DevTools

前面的例子可能让你觉得 Node.js 的数据转换工作很容易。实际上,开发过程中是很容易犯错的,这时就需要查找出错的地方。

好在 Chrome 的 DevTools 可以附加到 Node.js 进程里,从而充分利用 Chrome 的调试功能。如果你有网络编程的经验,那你对 Chrome 的 DevTools 一定不陌生。

本节将学习使用 DevTools 逐步调试代码,通过控制台以交互方式执行命令,设置断点。

### 5.5.1 使用 npm 在调试模式下运行 Mocha
Running Mocha in Debug Mode with npm

我们用过 npm test 和 npm run test:watch 运行 Mocha 测试,两者都可以触发 package.json 中定义的脚本。现在再添加一个新脚本 test:debug,该脚本除了运行 Mocha,还将启动 Chrome DevTools。

不幸的是,之前使用的 mocha 命令不能直接调试,因为它们创建一个子 Node.js 进程来执行测试。我们来深入了解一下细节。

使用 npm 安装 Mocha 时,它将两个命令行程序放在 node_modules/mocha/bin

目录下：mocha 和 _mocha（注意下划线）。当你在命令行（或通过 npm）使用 mocha 时，前者会在新产生的子 Node.js 进程中调用后者。

要附加 Node.js 调试器，必须直接调用 _mocha。打开 package.json 文件，在 scripts 部分添加如下 test:debug 脚本。

```
"scripts": {
  "test": "mocha",
  "test:watch": "mocha --watch --reporter min",
➤ "test:debug":
➤ "node --inspect node_modules/mocha/bin/_mocha --watch --no-timeouts"
},
```

--inspect 选项告诉 Node.js 我们打算以调试模式运行，它会输出一个特殊的 URL，在 Chrome 中打开这个 URL 就可以将 DevTools 附加到进程里。--watch 选项告诉 Mocha 监听文件的变化，当发生变化时重新运行测试。

--no-timeouts 选项告诉 Mocha 我们不关心测试需要多长时间完成。默认情况下，异步测试超过 2 秒就会超时，报告失败。这里我们要做单步调试，所以需要更长的时间。

保存文件，执行 npm run test:debug。

```
$ npm run test:debug

> databases@1.0.0 test:debug ./code/databases
> node --inspect node_modules/mocha/bin/_mocha --watch --no-timeouts

Debugger listening on ws://127.0.0.1:9229/06a172b5-2bee-475d-b069-0da65d1ea2af
For help see https://nodejs.org/en/docs/inspector


  parseRDF
    ✓ should be a function
    ✓ should parse RDF content


  2 passing (35ms)
```

以 ws:// 开头的特殊 URL 是 Chrome 连接调试的 WebSocket。在 Chrome 浏览器里打开 chrome://inspect，进入 DevTools 的设备页面（见图 5.2）。

5.5 使用 Chrome DevTools 调试测试

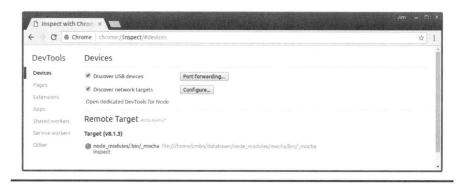

图 5.2 DevTools 的设备页面

在 Remote Target #LOCALHOST 标题下，可以看到运行 Mocha 的 Node.js 进程。点击蓝色的 *inspect* 链接启动调试器。（译注：最新版本点击蓝色 Open dedicated DevTools for Node 链接可以打开专用调试器。）

## 5.5.2 使用 DevTools 调试代码
Using Chrome DevTools to Step Through Your Code

现在，DevTools 窗口已经打开并连接到 Node.js 调试会话。按下 Enter 键，Chrome 会显示附加到进程中的开发工具。确保选中 Sources 选项卡（见图 5.3）。

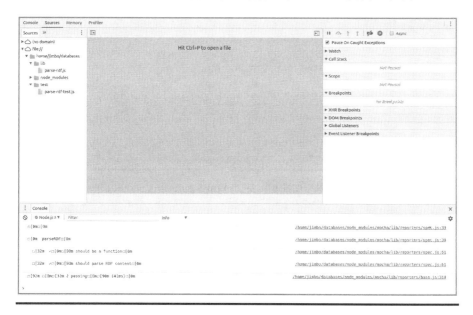

图 5.3 Chrome 开发者工具页面

在左侧窗格的 file:// 标题下，可以看到我们的项目目录和文件，比如 lib 目录下的 parse-rdf.js 文件和 test 目录下的 parse-rdf-test.js 文件（见图 5.4）。

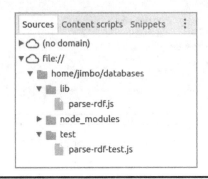

图 5.4　项目目录和文件

选中 parse-rdf.js 文件（中间面板会显示其内容）。可以通过单击行号来设置断点。先在模块的导出函数的顶部附近设置一个（见图 5.5）。

```
 1  (function (exports, require, module, __filename, __dirname) { 'use strict';
 2  const cheerio = require('cheerio');
 3
 4  module.exports = rdf => {
 5    const $ = cheerio.load(rdf);
 6
 7    const book = {};
 8
 9    book.id = +$('pgterms\\:ebook').attr('rdf:about').replace('ebooks/', '');
10
11    book.title = $('dcterms\\:title').text();
12
13    book.authors = $('pgterms\\:agent pgterms\\:name')
14      .toArray().map(elem => $(elem).text());
15
16    book.subjects = $('[rdf\\:resource$="/LCSH"]')
17      .parent().find('rdf\\:value')
18      .toArray().map(elem => $(elem).text());
19
20    return book;
21  };
22
23  });
```

图 5.5　单击行号设置断点

由于 Mocha 运行在监视模式下，任何文件发生变化都会重新运行测试，命中断点。因此，要触发测试运行，请在 databases 项目目录下运行终端并使用 touch 命令处理任一文件。

```
$ touch test/parse-rdf-test.js
```

回到 DevTools，测试程序应该在断点处暂停了（见图 5.6）。

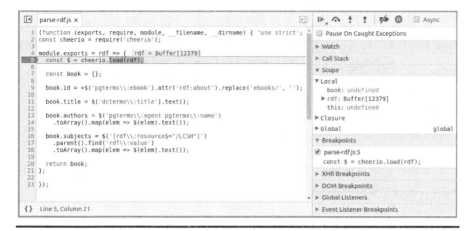

图 5.6　测试程序在断点处暂停

可以点击右侧边栏顶部的图标来单步执行代码（见图 5.7）。

图 5.7　右侧边栏顶部的图标

随着代码执行，DevTools 会在源代码视图中显示当前状态。你还可以在右侧边栏的 Scope 部分查看可用变量及其内容（见图 5.8）。

图 5.8　查看可用变量及其内容

编写本书时，DevTools 还缺少一些重要功能。比如，尽管 DevTools 允许在浏览器本地对源文件进行更改，但它并不会将这些修改保存到磁盘（译注：Chrome 63 已支持）。如果不能保存，Node.js 进程（Mocha）就无法看到更改并运行测试。

## 5.6 小结与练习
Wrapping Up

本章首先学习处理来自外部的数据。获取、转换、存储、查询数据是使用 Node.js 进行开发的重要技能。

其次通过迭代开发代码和测试来读取和解析 RDF（XML）文件。还学习了使用 Mocha、断言库 Chai 和 BDD。

再使用 Cheerio 解析和查询 XML 文档，学习了使用 CSS 选择器查询特定元素。

然后学习了将解析库与 `node-dir` 模块结合起来，创建了 `rdf-to-bulk.js`。它可以遍历目录树寻找 RDF 文件，解析每个文件并收集输出对象。第 6 章将继续使用这些中间数据文件构建 Elasticsearch 索引。

最后学习了在调试模式下启动 Node.js 程序并附加 Chrome DevTools，进行交互式单步调试。

### 5.6.1 提取分类编码
Extracting Classification Codes

从古腾堡项目 RDF 文件中提取字段时，我们选择了美国国会图书馆主题词表（LCSH）并将它们存储在名为 `subject` 的数组中。当时，我们排除了美国国会图书馆分类（LCC）。RDF 文件的 LCC 部分如下所示：

```
<dcterms:subject>
  <rdf:Description rdf:nodeID="Nfb797557d91f44c9b0cb80a0d207eaa5">
    <dcam:memberOf rdf:resource="http://purl.org/dc/terms/LCC"/>
    <rdf:value>U</rdf:value>
  </rdf:Description>
</dcterms:subject>
```

请使用基于 Mocha 和 Chai 构建的 BDD 环境实现以下功能。

- 向 `parse-rdf-test.js` 添加一个新的断言，用于检查 `book.lcc`。它属于 `strings` 类型，至少有一个字符长，它以英文字母的大写字母开头，但不能是 I、O、W、X、Y。

- 运行测试，查看是否失败。
- 设法在 parse-rdf.js 中导出的模块函数中添加代码，让测试通过。

提示：可以使用 Cheerio 查找 `<dcam:memberOf>` 元素，条件是它带有 `rdf:resource` 属性，并且以/LCC 结尾。然后遍历其父级`<rdf:Description>`，并读取其第一个后代`<rdf:value>`标签的文本。创建新断言时，可以参考 Chai 的文档[1]。

## 5.6.2 提取下载地址
Extracting Sources

古腾堡项目的 RDF 文件中的大部分元数据描述了每本书的各种文件格式的下载地址。例如，下面的内容记录了从哪里下载《孙子兵法》英文版的文本：

```
<dcterms:hasFormat>
  <pgterms:file rdf:about="http://www.gutenberg.org/ebooks/132.txt.utf-8">
    <dcterms:isFormatOf rdf:resource="ebooks/132"/>
    <dcterms:modified rdf:datatype="http://www.w3.org/2001/XMLSchema#dateTime">
       2016-09-01T01:20:00.437616</dcterms:modified>
    <dcterms:format>
      <rdf:Description rdf:nodeID="N2293d0caa918475e922a48041b06a3bd">
        <dcam:memberOf rdf:resource="http://purl.org/dc/terms/IMT"/>
        <rdf:value
           rdf:datatype="http://purl.org/dc/terms/IMT">text/plain</rdf:value>
      </rdf:Description>
    </dcterms:format>
    <dcterms:extent rdf:datatype="http://www.w3.org/2001/XMLSchema#integer">
       343691</dcterms:extent>
  </pgterms:file>
</dcterms:hasFormat>
```

现在希望在每个 JSON 对象中增加一个下载列表（效果可参考古腾堡项目的页面[2]）。

考虑下列问题。

- 原始数据中的哪些字段需要获取，哪些可以丢弃？
- 什么样的结构最适合这些数据？

---

[1] http://chaijs.com/api/bdd/
[2] http://www.gutenberg.org/ebooks/132

- 需要哪些信息才能生成像古腾堡项目网站上那样的表格？

为下载列表创建一个 JSON 对象。在现有的持续测试环境下，添加一个测试来检查新数据。

最后，扩展 parse-rdf.js 中生成的 book 对象，增加新数据并使测试通过。

# 第 6 章

# 操作数据库
## Commanding Databases

本章将开发一个命令行工具,用于与 Elasticsearch 进行交互。Elasticsearch 是一个模式自由(schema-free)、支持 RESTful 的 NoSQL 数据库,它通过 HTTP 存储和索引 JSON 文档。我们的程序可以通过多种选项进行配置,并且支持高级查询功能。它还能批量导入文档(包括第 5 章制作的古腾堡项目文档)。图 6.1 后半部分展示了本章的目标。

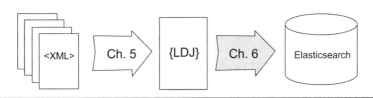

图 6.1 提取数据并存储

通过学习,你能够独立开发功能丰富的 Node.js 命令行程序,并与其他基于 REST 的 JSON 服务进行通信。同时你也可以判断 Elasticsearch 是否适合你未来的 Node.js 项目。

本章主要内容如下:

### Node.js 核心

学习通过 HTTP 与远程服务进行通信时,如何进行数据流串接。使用 npm 以交互方式创建一个 package.json 文件。

**开发模式**

使用 Commander 模块的链式风格 API 构建命令行程序。使用 Request 模块执行 HTTP 请求。

**JavaScript 语言特性**

在 JavaScript 中，调用者可以在不提供函数所需的所有参数的情况下调用函数。为了补全缺少的参数，定义函数时可以提供默认参数值（在运行时赋值）。你将学习这个技巧和一些有用的数组方法（如 `filter()` 和 `join()`）。

**支持代码**

除 Node.js 外，本章还会学习基于 JSON 的文档数据库 Elasticsearch。另外，为了操纵 JSON，还会使用一个叫 jq 的命令行工具。

我们在第 5 章中学习了 RDF（XML）和 CSS 选择器的用法。本章会学习 Elasticsearch 的查询语法，以便查询匹配文档。另外，你将学习使用 jq 的过滤器表达式在命令行上操纵 JSON。

RDF（XML）属于特定领域语言（DSL）。DSL 的主题可以单独写本书，本章只介绍部分内容。这些内容将为优秀的 Node.js 开发人员打下良好的基础。

本章将先安装 Elasticsearch。然后着手开发一个名为 esclu 的程序。在此过程中，你将学习开发功能强大的 Node.js 命令行程序。让我们开始吧！

## 6.1 Elasticsearch 入门
Introducing Elasticsearch

Elasticsearch 是一个分布式、面向文档的 NoSQL 数据库，它是基于 Apache Lucene 构建的[1]，提供丰富的查询功能，包括全文搜索、词干搜索、模糊搜索。Elasticsearch 还可以执行各种聚合查询，使用过滤器，执行数字比较。

当然，没有一种工具是万能的，Elasticsearch 也不例外。但考虑到古腾堡项目的文件特性（包括书籍名称、作者姓名和主题字符串），Elasticsearch 很适合存储这些数据。我们需要先把文档存储在 Elasticsearch 里，第 7 章才能在这个基础上开发 RESTful API。

---

[1] http://lucene.apache.org/

Elasticsearch 的集群架构提供了非常好的可扩展性和可靠性。它的分片和复制机制不但可以防止停机，还能实现并行查询。配置和优化 Elasticsearch 集群超出了本书的内容范围。好在对我们来说，它的默认配置已经够用了。

与 Elasticsearch 进行交互必须依靠正确的 HTTP 请求。我们将讨论 HTTP 和 RESTfull 的用法。第 7 章还将基于 Elasticsearch 实现一个 RESTful web 服务。

下面先学习安装 Elasticsearch。

## 6.1.1 安装先决条件
Installing Prerequisites

Elasticsearch 是使用 Java 8 开发的，所以要先安装 Java 运行时环境。官方建议使用 Oracle 的 Java Development Kit（JDK）的 1.8.0_73 版本（或更高版本）。在 Oracle 的网站上可以找到安装 Java 8 的说明[1]。

在命令行运行 java-version，确认 Java 已安装并准备就绪。

```
$ java -version
openjdk version "1.8.0_91"
OpenJDK Runtime Environment (build 1.8.0_91-8u91-b14-3ubuntu1~16.04.1-b14)
OpenJDK 64-Bit Server VM (build 25.91-b14, mixed mode)
```

安装完 Java，就可以下载安装 Elasticsearch 了。

## 6.1.2 安装 Elasticsearch
Installing Elasticsearch

我们将使用 Elasticsearch 的 5.2 版本，可从 Elastic 的下载页面下载[2]。下载后将其解压，在命令行运行 bin/elasticsearch。输出内容如下（这里省略了部分输出）。

```
$ bin/elasticsearch
[INFO ][o.e.n.Node               ] [] initializing ...
... many lines omitted ...
[INFO ][o.e.h.HttpServer         ] [kAh7Q7Z] publish_address {127.0.0.1:9200},
    bound_addresses {[::1]:9200}, {127.0.0.1:9200}
```

---

[1] http://docs.oracle.com/javase/8/docs/technotes/guides/install/install_overview.html
[2] https://www.elastic.co/downloads/past-releases/elasticsearch-5-2-2

```
[INFO ][o.e.n.Node               ] [kAh7Q7Z] started
[INFO ][o.e.g.GatewayService     ] [kAh7Q7Z] recovered [0] indices into
    cluster_state
```

注意输出结尾处列出的 publish_address 和 bound_addresses。默认情况下，Elasticsearch 为其 HTTP 端点绑定 TCP 9200 端口。

设置 Elasticsearch 群集时有许多选项，我们跳过这个部分，直接采用开发模式运行。Elasticsearch 集群的设置方法可以参考 Elastic 的"重要系统配置"页面[1]。

现在可以为 Elasticsearch 开发一个实用的命令行程序了。

## 6.2 使用 Commander 创建命令行程序
### Creating a Command-Line Program with Commander

本节将生成一个命令行程序的框架，该命令行程序能访问 Elasticsearch 的某些功能。开始前，我们先创建一个 package.json 文件。

打开终端创建一个目录，命名为 esclu，它将作为 Elasticsearch 命令行工具的项目目录。进入 esclu 目录，运行 npm init，启动交互式 package.json 创建向导。除了 description 处需要提供简单的项目描述，其他地方使用默认值就行。

```
 =$ npm init
This utility will walk you through creating a package.json file.
It only covers the most common items, and tries to guess sensible defaults.

See `npm help json` for definitive documentation on these fields
and exactly what they do.

Use `npm install <pkg> --save` afterward to install a package and
save it as a dependency in the package.json file.

Press ^C at any time to quit.
name: (esclu)
version: (1.0.0)
description:
=> Elasticsearch Command Line Utilities
 =entry point: (index.js)
test command:
git repository:
keywords:
author:
license: (ISC)
```

---
[1] https://www.elastic.co/guide/en/elasticsearch/reference/5.2/system-config.html

```
About to write to ./code/esclu/package.json:

{
  "name": "esclu",
  "version": "1.0.0",
  "description": "Elasticsearch Command Line Utilites",
  "main": "index.js",
  "scripts": {
    "test": "echo \"Error: no test specified\" && exit 1"
  },
  "author": "",
  "license": "ISC"
}

Is this ok? (yes)
```

package.json 初始化完成后，继续安装其他依赖模块。

## 6.2.1 介绍 Commander 和 Request 模块
Introducing the Commander and Request Modules

此前已经实现了许多简单的命令行程序。现在将使用一个名为 Commander 的模块，它可以在 Node.js 中构建复杂的命令行工具。

同样，尽管 Node.js 的内置 HTTP 模块对 HTTP 请求提供了基本支持，但其功能还不够强大。下面将使用更高级的 Request 模块简化发出 HTTP 请求和处理异步响应的工作[1]。

Commander 模块和 Request 模块可以减少代码，同时提供丰富的功能。它们将成为我们的命令行程序的核心部分。请按如下方式安装这两个模块：

```
$ npm install --save --save-exact commander@2.9.0 request@2.79.0
```

安装完这两个关键模块，现在来看看 Elasticsearch 命令行程序的基本结构。

> **Commander 和 Request 外的其他选择**
>
> Commander 模块不是 npm 中唯一一个可以帮助你创建命令行程序的模块。例如，yargs 模块就具有许多与 Commander 相同的功能。使用 yargs，你不必事先明确声明每个选项，只要在开发时对所需选项和数据类型做检查。

---

[1] https://nodejs.org/api/http.html

> 同样，Request 模块也不是唯一一个可以简化 HTTP 请求的模块。另一个类似的模块是 superagent，但其目标主要是兼容浏览器和 Node.js。
>
> 还有一个与 Request 类似的模块是 node-fetch，它支持 Fetch API。Fetch API 是用于取代 XMLHttpRequest 的新 API。第 8 章将使用它与 Node.js 服务进行交互。

### 6.2.2 使用 Commander 创建基本的命令行程序
Creating a Basic Command-Line Program with Commander

Commander 模块可以处理各种细节：强制检查所需的参数，解析命令行选项，解析标志的缩写即别名等。要利用这些功能，应该遵循一个基本的程序结构。下面将在本节中一步一步建立它。

首先，需要一个名为 esclu（无扩展名）的可执行文件，这样可以直接执行它，而不必显式地运行 Node.js。回忆一下，第 2.4 节曾将#!放在 Node.js 文件的第一行行首。它告诉 Unix 这是一个可执行文件。我们将再次使用它，不同的是，这次会将工作的 JavaScript 拆分到不同的独立文件中。首先创建一个名为 esclu 的文件，内容如下：

esclu/esclu
```
#!/usr/bin/env node
require('./index.js');
```

这个文件通过 require() 方法执行 index.js 中的代码。

保存文件，使用 chmod 命令赋予它执行权限。

```
$ chmod +x esclu
```

接下来，打开文本编辑器并输入以下代码，另存为 index.js。

esclu/index.js
```
'use strict';

const fs = require('fs');
const request = require('request');
const program = require('commander');
const pkg = require('./package.json');

program
  .version(pkg.version)
```

```
  .description(pkg.description)
  .usage('[options] <command> [...]')
  .option('-o, --host <hostname>', 'hostname [localhost]', 'localhost')
  .option('-p, --port <number>', 'port number [9200]', '9200')
  .option('-j, --json', 'format output as JSON')
  .option('-i, --index <name>', 'which index to use')
  .option('-t, --type <type>', 'default type for bulk operations');

program.parse(process.argv);

if (!program.args.filter(arg => typeof arg === 'object').length) {
  program.help();
}
```

注意在文件的顶部，我们将 package.json 赋值给一个名为 pkg 的常量。Node.js 的 require()方法可以读取 JSON 文件以及使用 JavaScript 编写的模块。通过引入 package.json，可以在其中引用配置参数。

接下来设置 Commander 提供的 program 对象。在设置版本、描述和用法字符串后，我们列举了一些标志及其默认值。运用哪些选项取决于具体的需求，稍后会利用这些选项和 Elasticsearch 进行交互。

除此之外，我们会通过调用 program.parse 来解析 Node.js 命令行选项。

最后，检查 program 对象的 args 数组是否包含除字符串之外的对象。除非用户提供的参数命中了一个命名过的命令，不然 Commander 会把参数作为字符串保存到 program.args 中。稍后我们会定义一些命令。这段代码可以确保如果用户输入我们无法识别的参数，他们也会看到和输入-h（查看帮助）一样的结果。

保存这段代码，在 esclu 项目目录打开终端，运行如下脚本：

```
$ ./esclu

Usage: esclu [options] <command> [...]

Elasticsearch Command Line Utilites

Options:

  -h, --help              output usage information
  -V, --version           output the version number
  -o, --host <hostname>   hostname [localhost]
  -p, --port <number>     port number [9200]
  -j, --json              format output as JSON
  -i, --index <name>      which index to use
  -t, --type <type>       default type for bulk operations
```

正如你所看到的，帮助已经工作了。你还可以尝试 version 选项，确认是否

与 `package.json` 中指定的值相同。

```
$ ./esclu -V
1.0.0
```

现在已经准备好了程序的基本结构，可以开始添加命令了。

### 6.2.3 给你的程序添加命令
Adding a Command to Your Program

接下来要给 `esclu` 添加命令以便与 Elasticsearch 交互。由于 Elasticsearch 是一个 RESTful 数据库，所以，与它进行交互首先要编写正确的 URL。

REST 是 representational state transfer（表现层状态转换）的缩写。RESTful 的 API 都是基于 HTTP 的，其资源只能通过 URL 来获取。请求资源和更改资源必须用特定 HTTP 方法发出 HTTP 请求。例如，HTTP GET 方法用于检索资源，HTTP PUT 用于发送要保存的资源。

在 Elasticsearch 中，RESTful 资源属于 JSON 文档。每个文档都存放在一个索引中，并且设置了相应的类型。要为 Elasticsearch 文档构建一个 URL，首先需要拼接你感兴趣的索引（如果有的话），然后拼接你感兴趣的对象类型（使用斜杠分隔）。要获取有关整个集群的信息，可以向根目录发出 HTTP GET 请求：`http://localhost:9200/`。

稍后将创建一个索引来存储第 5 章创建的图书元数据。要获取名为 `books` 的索引的信息，请使用 GET 请求：`http://localhost:9200/books` API。

URL 需要包含索引和类型信息。为此，请将 `fullUrl()` 方法添加到 `esclu` 程序中，放在 `require()` 行之后，设置程序之前。

esclu/index.js
```
const fullUrl = (path = '') => {
  let url = `http://${program.host}:${program.port}/`;
  if (program.index) {
    url += program.index + '/';
    if (program.type) {
      url += program.type + '/';
    }
  }
  return url + path.replace(/^\/*/, '');
};
```

fullUrl()函数接收一个参数 path，并根据程序参数将完整的 URL 返回给 Elasticsearch。请注意，这里我们利用 ECMAScript 的默认参数功能在没有提供 path 参数时设置参数为空字符串。

构造的 URL 包括索引和类型，最后加上路径。如果路径包含前导斜杠，则使用正则表达式将其过滤，以避免最终的 URL 中出现双斜杠。

fullUrl()方法完成之后，可以添加一条命令将其记录到控制台。将以下代码添加到 index.js 文件里，放在 program.parse 行的前面。

esclu/index.js
```
program
 .command('url [path]')
 .description('generate the URL for the options and path (default is /)')
 .action((path = '/') => console.log(fullUrl(path)));
```

向程序中添加命令需要完成三件事：指定命令名称和参数、提供描述、设置操作回调。提供给该命令的字符串会告诉 Commander 命令的名称及其所需的参数。必备参数应该用尖括号包围（如<this>），可选参数应该使用方括号（如[this]）。

提供给 action 的函数是将要调用的回调函数。我们设置了一个名为 path 的可选变量，默认值为/。

在 action 回调的主体内部，我们使用控制台来输出 fullUrl()函数调用的结果。

回到终端运行没有参数的 esclu，看看是否添加了新的 url 命令。

```
$ ./esclu

  Usage: esclu [options] <command> [...]

  Commands:

    url [path]    generate the URL for the options and path (default is /)

  Elasticsearch Command Line Utilities

  Options:

    -h, --help              output usage information
    -V, --version           output the version number
    -o, --host <hostname>   hostname [localhost]
    -p, --port <number>     port number [9200]
    -j, --json              format output as JSON
```

```
-i, --index <name>      which index to use
-t, --type <type>       default type for bulk operations
```

从以上代码中可以看到 `url` 出现在 Commands 下面。执行 `esclu url`，应该会看到本地 Elasticsearch 集群的默认根 URL。

```
$ ./esclu url
http://localhost:9200/
```

如果你提供了其他选项，也会相应地体现在 `url` 中：

```
$ ./esclu url 'some/path' -p 8080 -o my.cluster
http://my.cluster:8080/some/path
```

接下来添加一条命令执行 HTTP GET 请求并输出结果。

## 6.3 使用 request 获取 JSON
Using request to Fetch JSON over HTTP

Request 模块可以简化 HTTP 请求，特别是在涉及流式数据时。虽然 Node.js 有一个名为 `http` 的内置模块，但远没有 Request 模块用起来方便。

先介绍一下如何使用 Request 模块，使用编辑器打开 `index.js` 文件，在 `url` 命令后面插入如下代码：

esclu/index.js
```js
program
  .command('get [path]')
  .description('perform an HTTP GET request for path (default is /)')
  .action((path = '/') => {
    const options = {
      url: fullUrl(path),
      json: program.json,
    };
    request(options, (err, res, body) => {
      if (program.json) {
        console.log(JSON.stringify(err || body));
      } else {
        if (err) throw err;
        console.log(body);
      }
    });
  });
```

像 `url` 命令一样，这段代码添加了一个名为 `get` 的命令，它接受名为 `path` 的可选参数。在 action 回调中，我们使用 Request 模块提供的 request() 函数来执行异步 HTTP 请求，并在完成时调用回调函数。

Request() 函数包含许多参数，但这里我们只提供 URL 和布尔类型的参数 json。设置为 true 时，json 选项表示请求应该包含一个 HTTP 标头，要求服务器提供 JSON 格式的响应。它还确保返回的内容被解析为 JSON。

request 的回调函数有三个参数：错误（如果有的话）、响应对象、响应主体。如果使用 --json 标志调用 esclu，应该输出 JSON 格式的错误或响应正文。如果没有 JSON 标志，应该在出错时抛出异常，否则逐字输出响应。

保存文件，回到终端，执行 get 命令（不指定路径和标志）：

```
$ ./esclu get
{
  "name" : "kAh7Q7Z",
  "cluster_name" : "elasticsearch",
  "cluster_uuid" : "_kRYwEXISDKtcPXeihPwZw",
  "version" : {
    "number" : "5.2.2",
    "build_hash" : "f9d9b74",
    "build_date" : "2017-02-24T17:26:45.835Z",
    "build_snapshot" : false,
    "lucene_version" : "6.4.1"
  },
  "tagline" : "You Know, for Search"
}
```

回想一下，默认路径是服务器的根目录/。这个响应告诉我们 Elasticsearch 已经启动并运行了，并且给出了当前运行版本的信息。

如果 Elasticsearch 没有启动，则会看到完全不同的信息：

```
$ ./esclu get
./code/esclu/esclu:51
        if (err) throw err;
              ^

Error: connect ECONNREFUSED 127.0.0.1:9200
    at Object.exports._errnoException (util.js:1022:11)
    at exports._exceptionWithHostPort (util.js:1045:20)
    at TCPConnectWrap.afterConnect [as oncomplete] (net.js:1090:14)
```

假定 Elasticsearch 已启动并做出响应，那么可以获取更多信息。例如，_cat 端点提供了一个可读的（非 JSON）API 来评估群集的健康状态。可以使用 get '_cat' 获取选项列表：

```
$ ./esclu get '_cat'
=^.^=
/_cat/pending_tasks
/_cat/snapshots/{repository}
/_cat/templates
/_cat/health
/_cat/segments
/_cat/segments/{index}
/_cat/aliases
/_cat/aliases/{alias}
/_cat/repositories
/_cat/allocation
/_cat/indices
/_cat/indices/{index}
/_cat/shards
/_cat/shards/{index}
/_cat/thread_pool
/_cat/thread_pool/{thread_pools}/_cat/plugins
/_cat/nodeattrs
/_cat/tasks
/_cat/count
/_cat/count/{index}
/_cat/fielddata
/_cat/fielddata/{fields}
/_cat/master
/_cat/recovery
/_cat/recovery/{index}
/_cat/nodes
```

由于还没有插入文档，也没有创建索引，因此这些命令还无法发挥作用。你只需要知道可以通过 get 命令访问 _cat API 浏览整个集群即可。

下面，让我们实现一个命令来添加索引。

### 6.3.1 创建 Elasticsearch 索引
Creating an Elasticsearch Index

Elasticsearch 可以接收一个 HTTP PUT 请求来创建索引。

打开编辑器，添加 action 回调部分：

esclu/index.js
```
const handleResponse = (err, res, body) => {
  if (program.json) {
    console.log(JSON.stringify(err || body));
  } else {
    if (err) throw err;
    console.log(body);
  }
};
```

```
program
 .command('create-index')
 .description('create an index')
 .action(() => {
  if (!program.index) {
    const msg = 'No index specified! Use --index <name>';
    if (!program.json) throw Error(msg);
    console.log(JSON.stringify({error: msg}));
    return;
  }
  request.put(fullUrl(), handleResponse);
});
```

首先，我们分析一下对 HTTP 响应的处理。get 命令对响应的处理很常见，所以我们把这部分逻辑独立作为一个函数。

接下来看看 create-index 命令。在 action 回调中，首先检查用户是否使用 --index 标志指定了索引。如果没有，则根据指定的 --json 标志，我们将抛出一个异常或者以 JSON 格式输出一个错误。

然后使用 request.put() 发出 HTTP PUT 请求，并使用刚定义的处理程序处理响应。

HTTP POST 方法常用于提交 HTML 表单。POST 和 PUT 之间有微妙的区别：如果知道正在处理的 RESTful 事件的完整 URL，则可以使用 PUT；否则，应该使用 POST。因此，如果要更新现有资源，使用 PUT 始终是正确的，但如果要创建新资源，则只有在知道资源的完整 URL 时才能使用 PUT。

Elasticsearch 的每个索引都位于服务器根目录下，由其名称指定唯一的 URL。要创建新索引，就应该使用 PUT，并给出路径。对于 books 索引，URL 是 http://localhost:9200/books/。我们创建的 fullUrl() 函数可以生成这个 URL。

保存文件，然后运行 esclu（不使用命令行参数，确保 create-index 出现）。

```
$ ./esclu

 Usage: esclu [options] <command> [...]


 Commands:

   url [path]     generate the URL for the options and path (default is /)
   get [path]     perform an HTTP GET request for path (default is /)
   create-index   create an index
```

太棒了！现在让我们使用 create-index 命令创建 books 索引。

```
$ ./esclu create-index --index books
{"acknowledged":true,"shards_acknowledged":true}
```

要查看索引是否存在，可以使用 _cat/indices?.v 列出索引。这里的 v 代表 verbose（详情），使用 v 会输出标题行。

```
$ ./esclu get '_cat/indices?v'
health status index uuid       pri rep docs.count store.size pri.store.size
yellow open   books n9...sQ     5   1      0         650b          650b
```

（为简洁起见，省略了部分输出内容。）

列出索引是一个很有用的命令，让我们把它添加到 esclu 中。

### 6.3.2 列出 Elasticsearch 索引
Listing Elasticsearch Indices

在 create-index 命令后插入以下代码：

```js
// esclu/index.js
program
  .command('list-indices')
  .alias('li')
  .description('get a list of indices in this cluster')
  .action(() => {
    const path = program.json ? '_all' : '_cat/indices?v';
    request({url: fullUrl(path), json: program.json}, handleResponse);
  });
```

虽然还是使用 program 对象来添加命令，但这次我们使用 alias() 方法添加一个别名。这样只需要输入 li 就能调用 list-indices 命令。

action 回调方法首先要确定请求的路径。如果用户使用 --json 标志指定了 JSON 模式，则路径为 _all；否则路径为 _cat/indices?v。

问号和冒号构成三元运算符。这是一条内联 if 语句，如果问号前的表达式的值为真，则返回第二个参数；如果问号前的表达式的值为假，则返回第三个参数。如果 a 和 b 是两个数字，那么 a > b ? a : b 可以用来返回 a、b 中较大的一个。

获得路径后，就可以通过 request() 请求完整的 URL。这次我们直接使用 url，而不是把 url 和 json 各自放置在 options 对象里。

回到终端，使用 li 命令运行 esclu。应该可以看到和之前一样的输出内容。

```
$ ./esclu li
health status index uuid     pri rep docs.count store.size pri.store.size
yellow open   books n9...sQ   5   1          0       650b           650b
```

现在让我们使用 --json 或 -j 标志来试试。

```
$ ./esclu li -j
{"books":{"aliases":{},"mappings":{},"settings":{"index":{"creation_date":"1484
650920414","number_of_shards":"5","number_of_replicas":"1","uuid":"3t4pwCBmTwyV
KMe_0j26kg","version":{"created":"5010199"},"provided_name":"books"}}}}
```

访问 /_all，Elasticsearch 会返回一个对象，其键是索引的名称，其值包含相关索引的信息。JSON 格式在命令行中很难阅读，所以要引入处理 JSON 对象的命令行工具 jq。

## 6.4 使用 jq 处理 JSON
Shaping JSON with jq

jq 是查询和操作 JSON 对象的命令行程序。由于 JSON 在 Node.js 开发中非常常见，因此很有必要学习使用 jq。

jq 网站上有相关下载和安装说明[1]。安装完成后，使用 -V 选项运行它，可以查看版本号。

```
$ jq -V
jq-1.5-1-a5b5cbe
```

本书的示例使用的是 1.5.x 版本。

jq 从标准输入中读取 JSON 对象，然后根据提供的查询字符串对其进行操作。查询字符串使用 jq 自己的领域特定语言来实现转换操作。

最简单的查询字符串只有一个点（.），它表示按原样输出对象。下面试试把 esclu 命令的输出作为 jq 命令的输入（同时以点作为参数）。

```
$ ./esclu li -j | jq '.'
{
  "books": {
    "aliases": {},
```

---

[1] shttps://stedolan.github.io/jq/

```
        "mappings": {},
        "settings": {
          "index": {
            "creation_date": "1484650920414",
            "number_of_shards": "5",
            "number_of_replicas": "1",
            "uuid": "3t4pwCBmTwyVKMe_0j26kg",
            "version": {
              "created": "5010199"
            },
            "provided_name": "books"
          }
        }
      }
    }
```

看起来更整齐了，因为在默认情况下，jq 会在输出中添加缩进。现在，让我们尝试另一个 jq 函数 keys，它将对象的键提取为数组。

```
$ ./esclu li -j | jq 'keys'
[
  "books"
]
```

你可能注意到了，list-indices 命令的 JSON 和非 JSON 输出都包含有用的信息，但并不完全相同。例如，非 JSON 输出中的两个有趣字段是 doc.count（文档数）和 store.size（此索引占用的磁盘字节数）。

虽然可以使用 JSON 形式获取相同的信息，但必须使用 Elasticsearch 的 _stats API 来实现。要注意的是，_stats 包含大量内容，必须从中发掘我们需要的东西。

首先看看 _stats 输出的前几行。这里使用 jq 的 head 功能处理的 _stats 输出，从而仅显示前 n 行。你也可以使用 less 来替代 head。

```
$ ./esclu get _stats | jq '.' | head -n 20
{
  "_shards": {
    "total": 10,
    "successful": 5,
    "failed": 0
  },
  "_all": {
    "primaries": {
      "docs": {
        "count": 0,
        "deleted": 0
      },
      "store": {
        "size_in_bytes": 650,
        "throttle_time_in_millis": 0
```

```
    },
    "indexing": {
      "index_total": 0,
      "index_time_in_millis": 0,
      "index_current": 0,
```

从输出中可以看到，首先，_stats 的返回值至少包含_shards 和_all 两个属性的对象。在 Elasticsearch 中，开头的下划线是保留字符，_all 通常意味着所有的分片。

其次，_all 路径下的 primaries.docs.count 是一个数字（因为还没有插入任何文档，所以目前为零）。primary.store.size_in_bytes 的值是 650。

接下来再用 jq 的 keys[1] 函数观察_stats 对象的其他部分，它会像 JavaScript 的 Object.keys() 一样返回一个包含对象属性名称的数组。

```
$ ./esclu get _stats | jq 'keys'
[
  "_all",
  "_shards",
  "indices"
]
```

除了_all 和_shards 外，还有 indices。我们可以使用 jq 的过滤器来查看[2]。过滤器是用于描述指定对象路径的字符串。使用过滤器.indices 将返回键 indices 的值。下面还是使用 head 来简化输出。

```
$ ./esclu get _stats | jq '.indices' | head -n 20
{
  "books": {
    "primaries": {
      "docs": {
        "count": 0,
        "deleted": 0
      },
      "store": {
        "size_in_bytes": 650,
        "throttle_time_in_millis": 0
      },
      "indexing": {
        "index_total": 0,
        "index_time_in_millis": 0,
        "index_current": 0,
        "index_failed": 0,
        "delete_total": 0,
        "delete_time_in_millis": 0,
```

---

[1] https://stedolan.github.io/jq/manual/v1.5/#Builtinoperatorsandfunctions
[2] https://stedolan.github.io/jq/manual/v1.5/#Basicfilters

```
                "delete_current": 0,
                "noop_update_total": 0,
```

indices 对象的属性是我们创建的索引的名称。现在唯一的属性是 books。每个索引的结构看起来与之前检查的 _all 对象大致相同。

jq 还允许将过滤器和函数组合起来使用，方法是使用管道运算符（|）将一个表达式的输出作为另一个的输入。例如，可以将 .indices.books 过滤器的输出作为 keys 函数的输入，从而查看 books 对象有哪些关键字。命令如下：

```
$ ./esclu get _stats | jq '.indices.books | keys'
[
  "primaries",
  "total"
]
```

jq 还可以使用过滤器和函数组成新的对象。例如，可以创建一个自定义 JSON 报告，其中包含 Elasticsearch 中所有文档的总数以及这些文档的总大小（以字节为单位）。

```
$ ./esclu get _stats | \
jq '._all.primaries | { count: .docs.count, size: .store.size_in_bytes }'
{
  "count": 0,
  "size": 650
}
```

这个表达式告诉 jq 先应用过滤器 ._all.primaries。生成的对象被传递到一个对象构造函数中，该构造函数是一组大括号，用于包装所需的内容。在这个例子里，我们构造的对象包含一个 count 键，对应的值为 .docs.count，以及一个 size 键，对应的值为 .store.size_in_bytes。

使用 jq 处理 JSON 数据很方便，更详细的用法可以参考 jq 使用手册[1]。

## 6.5 批量插入 Elasticsearch 文档
### Inserting Elasticsearch Documents in Bulk

要实现 esclu 命令行工具的批量上传文档功能，请回忆一下第 5.4 节开发的 LDJ 数据文件（部分内容如下）：

---

[1] https://stedolan.github.io/jq/manual/v1.5/

```
{"index":{"_id":"pg11"}}
{"id":11,"title":"Alice's Adventures in Wonderland","authors":...}
{"index":{"_id":"pg132"}}
{"id":132,"title":"The Art of War","authors":...}
```

打开 index.js 文件，在 program.parse 行的前面插入新命令逻辑。

esclu/index.js
```
program
  .command('bulk <file>')
  .description('read and perform bulk options from the specified file')
  .action(file => {
    fs.stat(file, (err, stats) => {
      if (err) {
        if (program.json) {
          console.log(JSON.stringify(err));
          return;
        }
        throw err;
      }

      const options = {
        url: fullUrl('_bulk'),
        json: true,
        headers: {
          'content-length': stats.size,
          'content-type': 'application/json',
        }
      };

      const req = request.post(options);

      const stream = fs.createReadStream(file);
      stream.pipe(req);
      req.pipe(process.stdout);
    });
  });
```

这个命令比以前的代码要多一点，但基本内容前面都出现过。

与采用可选参数的 get 和 url 命令不同，bulk 命令的<file>参数是必需的。可以试试不用<file>参数运行 esclu bulk，观察 Commander 模块如何处理。

在 action 回调中，我们先使用 fs.stat 异步检查提供的文件。判断文件是否存在并且可以被运行该进程的用户访问。如果调用 stat 失败，则会根据是否指定 --json 标志做出相应的响应，输出 JSON 对象或者抛出异常。

接下来，构造 Request 的选项。Elasticsearch 的_bulk API 期望接收 JSON，因此我们将 json 选项设置为 true，并提供 application/json 的 Content-Type 头。

接着使用 stat() 获取文件大小信息，用来指定 HTTP 头的 content-length 字段。这很重要，因为我们需要将文件内容以流的形式传输给服务器，而不是立即将所有内容传递给 Request 模块。

使用 request.post，发起一个 HTTP POST 请求给 Elasticsearch，并使用一个名为 req 的变量接收该函数返回对象。此对象可以作为可写流（writable stream）发送，也可以作为可读流（readable stream）接收服务器的响应。

我们既可以我使用 Node.js 的流 API[1] 把内容重定向给这个对象，也可以从其中获取输出。这里，我们将文件系统中的文件传递给它，并将输出重定向到标准输出。这样，大容量文件和 Elasticsearch 的响应都不会驻留在 Node.js 进程的内存中。

最后，我们使用 fs.createReadStream 打开文件的读取流并将其传递给请求对象。再把 req 对象重定向到 process.stdout，直接展示输出。

下面测试 _bulk 命令，先不提供文件路径，观察 Commander 如何响应。

```
$ ./esclu bulk
  error: missing required argument `file'
```

esclu 提示 file 参数是必需的。

现在让我们尝试执行批量文件插入。由于创建的批量文件没有列出要插入的每个文档的索引或类型，因此我们分别使用 --index 和 --type 标志提供默认值。此外，由于输出会很大，所以会将其捕获到一个文件中，然后使用 jq 进行查看。

运行命令如下：

```
$ ./esclu bulk ../data/bulk_pg.ldj -i books -t book > ../data/bulk_result.json
```

这个命令假定 data 目录和 esclu 项目目录是兄弟目录，而且你已经创建或者下载了 bulk_pg.ldj 文件。如果你的文件在其他位置，或者你想将结果存放在其他位置，请相应地修改路径。

该命令需要一段时间才能完成。命令完成后，使用 jq 查看 JSON。

```
$ cat ../data/bulk_result.json | jq '.' | head -n 20
{
```

---

[1] https://nodejs.org/api/stream.html

```
  "took": 3410,
  "errors": false,
  "items": [
    {
      "index": {
        "_index": "books",
        "_type": "book",
        "_id": "pg1",
        "_version": 1,
        "result": "created",
        "_shards": {
          "total": 2,
          "successful": 1,
          "failed": 0
        },
        "created": true,
        "status": 201
      }
    },
```

响应 JSON 对象中立即可以看到三个键：

- took：请求花了几毫秒。
- errors：代表发生的错误数组（如果有的话）；否则为 `false`。
- items：成功执行操作的数组。

items 数组中的每个对象都描述了一个批量命令。这里可以看到第一个这样的命令，其 index 属性描述了操作的细节。

请注意，index 对象的 status 属性的值为 201。你可能已经熟悉 HTTP 状态代码 200 OK。像 200 OK 一样，HTTP 状态代码 201 Created 也是确认代码，但这意味着服务器上的对象是作为请求的结果而创建的。

使用 jq 的 length 函数可以计算总操作数。

```
$ cat ../data/bulk_result.json | jq '.items | length'
53212
```

你看到的项目数可能会不同，因为古腾堡项目一直在添加新书。

现在使用 list-indices 命令，看看图书索引中有多少文档：

```
$ ./esclu li
health status index  uuid      pri rep docs.count store.size pri.store.size
yellow open   books  n9...sQ    5   1      53212     24.5mb         24.5mb
```

太好了!所有 53212 个文档都成功添加到 books 索引里了。

## 6.6 实现 Elasticsearch 查询命令
Implementing an Elasticsearch Query Command

既然文档已经放入索引中,就可以开始查询了。首先,使用现有的 get 命令来查看一下情况,然后实现一个专门用于查询的命令。

要请求的 Elasticsearch API 是 /_search,可以使用 get 命令请求此 API。

```
$ ./esclu get '_search' | jq '.' | head -n 20
{
  "took": 3,
  "timed_out": false,
  "_shards": {
    "total": 5,
    "successful": 5,
    "failed": 0
  },
  "hits": {
    "total": 53212,
    "max_score": 1,
    "hits": [
      {
        "_index": "books",
        "_type": "book",
        "_id": "pg100",
        "_score": 1,
        "_source": {
          "id": 100,
          "title": "The Complete Works of William Shakespeare",
```

来看看 JSON 响应的头部。与批量 API 响应一样,我们看到一个 took 字段,它表示以毫秒为单位的执行时间。

查询结果位于 hits 对象中,该对象包含三个字段:total、max_score、hits。total 字段显示所有匹配的文档数(稍后将执行更具体的查询)。max_score 字段表示得分最高的匹配的得分值。内部的 hits 属性指向由结果组成的数组。

默认情况下,_search API 仅返回前 10 个结果。可通过指定 size 参数来修改。

接下来继续使用 jq 工具。

## 6.6.1 使用 jq 挖掘 Elasticsearch 响应
Digging into Elasticsearch Results with jq

使用 jq 可以深入查看 hits 的结果，尝试以下命令：

```
$ ./esclu get '_search' | jq '.hits.hits[]._source' | head -n 20
{
  "id": 100,
  "title": "The Complete Works of William Shakespeare",
  "authors": [
    "Shakespeare, William"
  ],
  "subjects": [
    "English drama -- Early modern and Elizabethan, 1500-1600"
  ]
}
{
  "id": 1000,
  "title": "La Divina Commedia di Dante: Complete",
  "authors": [
    "Dante Alighieri"
  ],
  "subjects": []
}
{
  "id": 10000,
```

jq 表达式 .hits.hits[]._source 的含义如下。

- .hits：从根对象开始，并遍历 hits 属性下的对象。

- .hits：重复上一步。

- []：单独返回数组的每个元素。

- ._source：返回每个元素 _source 属性下的对象。

输出是一个接一个的 JSON 对象组成的流。为了得到 JSON 数组，可以将整个 jq 表达式放在方括号中。

```
$ ./esclu get '_search' | jq '[ .hits.hits[]._source ]' | head -n 20
[
  {
    "id": 100,
    "title": "The Complete Works of William Shakespeare",
    "authors": [
      "Shakespeare, William"
    ],
    "subjects": [
```

```
      "English drama -- Early modern and Elizabethan, 1500-1600"
    ]
  },
  {
    "id": 1000,
    "title": "La Divina Commedia di Dante: Complete",
    "authors": [
      "Dante Alighieri"
    ],
    "subjects": []
  },
  {
```

利用 _search API 的查询参数 q，Elasticsearch 可以查找对应的文档。假如我们对马克·吐温的书感兴趣，则可以使用查询表达式 authors:Twain 来搜索 authors 数组包含字符串 Twain 的文档，如下所示：

```
$ ./esclu get '_search/?q=authors:Twain' | jq '.' | head -n 30
{
  "took": 3,
  "timed_out": false,
  "_shards": {
    "total": 5,
    "successful": 5,
    "failed": 0
  },
  "hits": {
    "total": 229,
    "max_score": 6.302847,
    "hits": [
      {
        "_index": "books",
        "_type": "book",
        "_id": "pg1837",
        "_score": 6.302847,
        "_source": {
          "id": 1837,
          "title": "The Prince and the Pauper",
          "authors": [
            "Twain, Mark"
          ],
          "subjects": [
            "London (England) -- Fiction",
            "Historical fiction",
            "Boys -- Fiction",
            "Poor children -- Fiction",
            "Social classes -- Fiction",
            "Impostors and imposture -- Fiction",
```

Elasticsearch 的查询字符串提供了许多功能，如通配符、布尔运算符，甚至正则表达式。Elasticsearch 的"查询字符串语法"页面上有详细的帮助信息[1]。

现在假设只想找到马克·吐温每本书的标题，可以利用 Elasticsearch 的源过滤器[2]实现。只需要添加源过滤器表达式 _source=title，方式如下：

```
$ ./esclu get '_search?q=authors:Twain&_source=title' | jq '.' | head -n 30
{
  "took": 2,
  "timed_out": false,
  "_shards": {
    "total": 5,
    "successful": 5,
    "failed": 0
  },
  "hits": {
    "total": 229,
    "max_score": 6.302847,
    "hits": [
      {
        "_index": "books",
        "_type": "book",
        "_id": "pg1837",
        "_score": 6.302847,
        "_source": {
          "title": "The Prince and the Pauper"
        }
      },
      {
        "_index": "books",
        "_type": "book",
        "_id": "pg19987",
        "_score": 6.302847,
        "_source": {
          "title": "Chapters from My Autobiography"
        }
      },
```

现在 _source 对象就只包含 title 属性了。再加上 jq 的配合，就可以提取特定的字符串了。注意尾部反斜杠表示连续的行。

```
$ ./esclu get '_search?q=authors:Twain&_source=title' | \
    jq '.hits.hits[]._source.title'
"The Prince and the Pauper"
"Chapters from My Autobiography"
"The Awful German Language"
"Personal Recollections of Joan of Arc — Volume 1"
"Personal Recollections of Joan of Arc — Volume 2"
"In Defence of Harriet Shelley"
"The Innocents Abroad"
"The Mysterious Stranger, and Other Stories"
```

---

[1] https://www.elastic.co/guide/en/elasticsearch/reference/5.2/query-dsl-query-string-query.html#query-stringsyntax
[2] https://www.elastic.co/guide/en/elasticsearch/reference/current/search-request-source-filtering.html

"The Curious Republic of Gondour, and Other Whimsical Sketches"
"Jenkkejä maailmalla I\nHeidän toivioretkensä Pyhälle Maalle

介绍完_search API 的用途，让我们给 esclu 添加最后一个命令。

### 6.6.2 实现查询命令
Implementing an Elasticsearch Query Command

我们来添加本章最后一个命令。这个命令叫 query，别名为 q。它支持任意数量的可选查询参数，这样你就不用将查询用引号包起来了。

以下是 q 命令的用法示例：

```
$ ./esclu q authors:Twain AND subjects:children
```

我们仍然希望使用 --index 将查询限制在特定的索引。此外，还可以指定一个可选的过滤表达式来限制输出文档。

首先在 index.js 文件顶部添加 --filter 选项：

esclu/index.js
```
program
  // Other options...
  .option('-f, --filter <filter>', 'source filter for query results');
```

然后，在文件底部的 program.parse 行之前添加新的 query 命令：

esclu/index.js
```
program
  .command('query [queries...]')
  .alias('q')
  .description('perform an Elasticsearch query')
  .action((queries = []) => {
    const options = {
      url: fullUrl('_search'),
      json: program.json,
      qs: {},
    };

    if (queries && queries.length) {
      options.qs.q = queries.join(' ');
    }

    if (program.filter) {
      options.qs._source = program.filter;
    }
```

```
    request(options, handleResponse);
  });
```

上面的代码创建了新的 query 命令。参数声明 [queries ...] 告诉 Commander，我们希望该命令支持任意数量的参数（甚至为零）。

在 action 回调中，主要的工作是向 options.qs 添加属性来构建 URL 的查询字符串。request 将 options.qs 的属性编码追加到 URL 中。

如果用户使用了查询参数（打开-q 标识），这些参数将通过空格连接，然后被赋值给参数 q。例如，如果用户输入了 esclu -q"Mark" "Twain"，那么 q 参数就是字符串 "Mark Twain"。当 request() 编码 options.qs 时，会把它变成?q=Mark%20Twain 附加到 URL 的末尾。然后 Elasticsearch 将使用这个参数 q 来搜索匹配的文档。如果用户使用了过滤器（打开-f 标识），则会将过滤字符串转换为查询字符串的_source 参数。

继续前面的例子，如果只想获取匹配文档的 title 字段，则只需要在命令行添加 -f title 参数。request 会将两个选项一起编码：?q=Mark%20Twain&_source=title。

保存文件，执行 query 命令。最简单的查询是空查询，它匹配所有文档。

```
$ ./esclu q | jq '.' | head -n 30
{
  "took": 4,
  "timed_out": false,
  "_shards": {
    "total": 5,
    "successful": 5,
    "failed": 0
  },
  "hits": {
    "total": 53212,
    "max_score": 1,
    "hits": [
      {
        "_index": "books",
        "_type": "book",
        "_id": "pg100",
        "_score": 1,
        "_source": {
          "id": 100,
          "title": "The Complete Works of William Shakespeare",
          "authors": [
            "Shakespeare, William"
          ],
          "subjects": [
```

```
          "English drama -- Early modern and Elizabethan, 1500-1600"
        ]
      }
    },
    {
      "_index": "books",
```

为了减少输出内容，可以只查找 title 和 author 字段。

```
$ ./esclu q -f title,authors | jq '.' | head -n 30
{
  "took": 5,
  "timed_out": false,
  "_shards": {
    "total": 5,
    "successful": 5,
    "failed": 0
  },
  "hits": {
    "total": 53212,
    "max_score": 1,
    "hits": [
      {
        "_index": "books",
        "_type": "book",
        "_id": "pg100",
        "_score": 1,
        "_source": {
          "title": "The Complete Works of William Shakespeare",
          "authors": [
            "Shakespeare, William"
          ]
        }
      },
      {
        "_index": "books",
        "_type": "book",
        "_id": "pg1000",
        "_score": 1,
        "_source": {
```

现在可以使用 jq 查看源对象。

```
$ ./esclu q -f title,authors | jq '.hits.hits[]._source' | head -n 30
{
  "title": "The Complete Works of William Shakespeare",
  "authors": [
    "Shakespeare, William"
  ]
}
{
  "title": "La Divina Commedia di Dante: Complete",
  "authors": [
    "Dante Alighieri"
```

```
    ]
  }
  {
    "title": "The Magna Carta",
    "authors": [
      "Anonymous"
    ]
  }
  {
    "title": "My First Years as a Frenchwoman, 1876-1879",
    "authors": [
      "Waddington, Mary King"
    ]
  }
  {
    "title": "A Voyage to the Moon\r\nWith Some Account of the Manners and ...
    "authors": [
      "Tucker, George"
    ]
  }
```

现在你可以使用复杂的查询组合，而不必使用引号把它们包起来。

```
$ ./esclu q authors:Shakespeare AND subjects:Drama -f title |\
jq '.hits.hits[]._source.title'
"The Tragedy of Othello, Moor of Venice"
"The Tragedy of Romeo and Juliet"
"The Tempest"
"The Comedy of Errors"
"Othello"
"As You Like It"
"The Two Gentlemen of Verona"
"The Merchant of Venice"
"Two Gentlemen of Verona"
"All's Well That Ends Well"
```

请注意，如果查询中包含 shell 程序的保留特殊字符，应将整个查询使用单引号括起来。例如，使用 Elasticsearch 查询多个单词时，可以使用双引号将多个单词括起来（如 q title:"United States"），但有些 shell 程序可能会删除这些双引号，这时你必须用单引号将所有查询内容括起来(q 'title:"United States"')。

## 6.7　小结与练习
### Wrapping Up

本章学习了使用 Node.js 与文档数据库 Elasticsearch 进行交互。Elasticsearch 通过 HTTP API 存储 JSON 文档，它提供了丰富的搜索 API。

利用 Commander 模块，我们开发了一个命令行程序，其中包含许多实用命令，可以从 Elasticsearch 导入/导出数据。同时我们学习了 JavaScript 函数的默认参数，以及一些有用的数组方法，如 `filter()` 和 `join()`。

我们还学习了 Elasticsearch 查询语言的基础知识，并且使用 jq 处理了 JSON 消息。

Request 模块可以方便向 HTTP 端点发送 GET、PUT、POST 请求。它可以采用流的方式将文件内容传输到服务器，也可以将服务器响应传送到标准输出。

虽然 Request 模块只能接收单个回调作为参数，但它可以与 Promise 一起使用，从而更流畅地处理异步响应。后续章节会做进一步的介绍。

第 7 章将使用 Node.js 和 Express 开发与 Elasticsearch 索引交互的 HTTP 端点。

### 6.7.1 删除索引
Deleting an Index

任何数据库都至少提供以下四种操作：创建记录、读取记录、更新记录、删除记录（CRUD）。Elasticsearch 使用 POST 创建记录，使用 GET 读取记录，使用 PUT 更新记录，使用 DELETE 删除记录。

本章用到了其中三个：使用 PUT 创建索引，使用 GET 查询文档，使用 POST 批量上传文档。

本练习要求实现一个名为 `delete-index` 的新命令，该命令用于检查接受一个索引并发出 HTTP DELETE 请求以及将其删除。提示：`request.del()` 方法可以发出 DELETE 请求。

### 6.7.2 添加单个文档
Adding a Single Document

创建 esclu 程序时，我们开发了 `bulk` 命令，该命令可以在 Elasticsearch 上执行批量操作。但是，我们没有提供执行单个操作的命令，例如插入一个新文档。

本练习要求添加一个名为 `put` 的新命令，该命令用于在索引中插入一个新文档（如果存在冲突，则覆盖原有文档）。

使用 `get` 命令，可以通过 `_id` 检索对应书籍，比如使用 ID 查找英文版《孙子兵法》：

```
$ ./esclu get pg132 --index books --type book | jq '.'
{
  "_index": "books",
  "_type": "book",
  "_id": "pg132",
  "_version": 1,
  "found": true,
  "_source": {
    "id": 132,
    "title": "The Art of War",
    "authors": [
      "Sunzi, active 6th century B.C.",
      "Giles, Lionel"
    ],
    "subjects": [
      "Military art and science -- Early works to 1800",
      "War -- Early works to 1800"
    ]
  }
}
```

虽然将文档插入 Elasticsearch 是相反的操作，但 API 非常相似。例如，假设我们要将上述响应的文档部分保存到文件中，如下所示：

```
$ ./esclu get pg132 -i books -t book | jq '._source' > ../data/art_of_war.json
```

理想情况下，应该能使用以下命令重新插入文档：

```
$ ./esclu put ../data/art_of_war.json -i books -t book --id pg132
```

要实现这一点，你要做以下几件事。

- 添加一个新的可选的 `--id` 标志。
- 更新 `fullUrl()` 函数，在返回的 URL 中附加 ID。
- 添加一个新命令 `put`，它接受名为 `file` 的必选参数（与 `bulk` 命令相同）。
- 在新命令的 `action` 回调中，判断是否指定 ID 参数，如果没有，就报错。
- 通过 `request` 对象采用流的形式将文件内容上传到 Eleasticsearch，并将结果发送至标准输出。

有关 Elasticsearch API 的约定，请参阅相关索引文档[1]。

---

[1] https://www.elastic.co/guide/en/elasticsearch/reference/5.2/docs-index_.html

# 第三部分
# 从头开始创建应用程序
Creating an Application from the Ground Up

在学习完前几章的数据处理之后,我们将从头到尾设计一个 web 应用程序。

首先要开发 web 服务,提供对数据库和消息基础架构的双向访问。使用这些服务,我们将开发一个基于 web 的用户界面,然后强化它并完成部署。

# 第 7 章

# 开发 RESTful Web 服务
Developing RESTful Web Services

创建 web 服务是 Node.js 的主要应用场景,本章将构建一个 RESTful web 服务。

本章内容很多,不是因为代码冗长,而是因为有许多重要的概念需要澄清。我们将讨论以下话题。

## Node.js 核心

Node.js 8 是第一个引入 async 函数的 long-term support 版本。async 函数是 ECMAScript 的新特性,它与常规函数不同,async 函数允许在执行期间暂停以等待异步结果。我们将使用 async 函数来简化异步事件的编程序列。

## 开发模式

我们将使用 Express 和 Elasticsearch 来开发 RESTful API。你将接触 Express 中间件,学习编写路由处理程序,以及使用 Elasticsearch 的查询 API。我们还将修改 HTTP 方法及状态码,以便与用户进行通信。

## JavaScript 语言特性

Promise 是一类特殊对象,它提供处理同步和异步代码的统一方法。你将使用 Promise 的工厂方法发送 HTTP 请求,还将利用解构赋值和计算属性名来简化数据定义。

## 支持代码

我们还会学习如何配置服务。你将学习使用 nconf 模块来组织和配置选项，还将使用 nodemon 来监控 Node.js 程序并在代码发生更改后自动重启。

Node.js 内置的 http 模块自带了轻量级 HTTP 服务器的实现[1]。但是，直接针对底层 http 模块编写服务需要做大量的工作。因此，我们将使用 Express 来开发 web 服务[2]。

## 7.1 使用 Express 的好处
### Advantages of Express

Express 是 Node.js 的 web 应用程序框架，受 Ruby 项目 Sinatra 的启发而生[3]。Express 提供了大量的样板代码，无需自己开发。下面来看看仅使用 http 模块的 Node.js 服务。

web-services/server.js
```
'use strict';
const http = require('http');
const server = http.createServer((req, res) => {
    res.writeHead(200, {'Content-Type': 'text/plain'});
    res.end('Hello World\n');
});
server.listen(60700, () => console.log('Ready!'));
```

这与第 3 章使用 net 模块创建的 TCP 服务非常相似。我们引入 http 模块，调用它的 createServer() 方法，并传入一个回调函数作为参数。最后使用 server.listen() 来绑定一个 TCP 套接字进行监听。回调函数根据 HTTP 请求（req）获得的信息进行适当的响应（res）。

值得注意的不是这段代码做了什么，而是它没有做什么。典型的 web 服务端需要处理大量琐碎的工作（这段代码却并未涉及），例如以下这些：

- 基于 URL 的路由。

- 通过 cookie 管理 session。

---

[1] http://nodejs.org/api/http.html
[2] http://expressjs.com/
[3] http://www.sinatrarb.com/

- 解析传入的请求（如表单数据、JSON 数据）。
- 拒绝非法的请求。

Express 框架可以替我们完成这些任务。

## 7.2 运用 Express 开发服务端 API
### Serving APIs with Express

本节使用 Express 开发一个最简单的 Hello World 应用。由于这个项目只是临时的，所以就不创建 package.json 文件了。

首先，创建一个名为 hello 的目录来保存应用程序，打开终端并进入此目录。接下来，安装 Express 和 Morgan（一个日志工具）。

```
$ npm install express@4.14.1 morgan@1.8.1
```

安装完这些模块后，打开编辑器并输入以下代码：

web-services/hello/server.js
```js
'use strict';
const express = require('express');
const morgan = require('morgan');

const app = express();

app.use(morgan('dev'));

app.get('/hello/:name', (req, res) => {
   res.status(200).json({'hello': req.params.name});
});

app.listen(60701, () => console.log('Ready.'));
```

将文件保存在 hello 项目目录中，命名为 server.js。这个程序引入了 Express 模块和 Morgan 模块。其中 Morgan 模块提供了 HTTP 请求日志记录功能。

像 Request 模块一样，Express 模块本身是一个函数。调用这个函数会创建一个应用上下文。根据一般习惯，我们将其命名为 app。

Express 功能是通过中间件提供的，而中间件是一个操作请求和响应对象的函数。你可以通过将某个中间件作为参数传入 app.use()，从而将其作为指定中间件。这里，我们将 morgan 中间件设置为 dev 模式，它会把所有的请求记录在控制台。

接下来使用 app.get()通过 HTTP GET 访问/hello/:name 路径。路径中的:name 称为路由参数。当 API 被调用时，Express 将 URL 中的这部分作为属性保存到 req.params 中。

除了 get()外，Express 对应的 put()、post()、delete()方法分别用于处理 HTTP put、post 和 delete 请求。在本例中，我们让响应对象 res 返回一个键为 hello、值为 name 参数的 JSON 对象。

最后，这个程序在 TCP 端口 60701 上监听 HTTP 入站请求，并在准备就绪后在控制台打印一条消息。让我们运行这个应用程序，看看它做了什么。

打开终端，进入 hello 目录，运行 node server.js。

```
$ node server.js
Ready.
```

在 Hello 服务端保持运行的同时，我们开启一个新终端，使用 curl 命令测试一下。curl 是非常实用的命令行程序，用于发出 HTTP 请求。

大多数流行的操作系统都带有 curl 命令，如果你的操作系统没有，请先安装。本章会频繁使用 curl 测试各种 api。

现在，尝试使用 curl 访问路径/hello/:name，请用你自己的参数替换 name。

```
$ curl -i localhost:60701/hello/jimbo
HTTP/1.1 200 OK
X-Powered-By: Express
Content-Type: application/json; charset=utf-8 Content-Length: 17
ETag: W/"11-vrDYB0Rw9smBgTMv0r99rA"
Date: Tue, 14 Feb 2017 10:34:13 GMT
Connection: keep-alive
{"hello":"jimbo"}
```

给 curl 命令添加-i 标志，使其输出响应正文的同时输出 HTTP 协议头信息。正如预期的那样，HTTP 返回码是 200 OK。

回到服务器终端窗口，应该可以看到如下信息（这是 Morgan 中间件的功劳）：

```
GET /hello/jimbo 200 3.013 ms - 17
```

默认情况下，curl 会在终端显示请求进度信息。这对大请求很有用，但是对较小的请求会显得累赘，尤其是当你打算将响应输出到另一个程序（如 jq）时。若要禁用此输出，请使用 -s 标志进入静默模式。

```
$ curl -s localhost:60701/hello/jimbo | jq '.'
{
  "hello": "jimbo"
}
```

现在，我们完成了 Express REST/JSON 服务的基本框架，接下来做一些更有意思的事情。

## 7.3 编写模块化的 Express 的服务
### Writing Modular Express Services

我们将构建一个创建和管理书单（book bundle，或者叫阅读列表）的 RESTful web 应用。这里有一个书单例子：

```
{
  "name": "light reading",
  "books": [{
    "id": "pg132",
    "title": "The Art of War"
  },{
    "id": "pg2680",
    "title": "Meditations",
  },{
    "id": "pg6456",
    "title": "Public Opinion"
  }]
}
```

name 字段是用户定义的字符串，用于标识书单，它不必是唯一的。books 字段包含一系列书籍。每本书都由它的文档编号标识，并包含书的标题。

我们的应用取名为 Better Book Bundle Builder（简称 b4）。

我们将使用第 6 章建立的 books 索引，以及一个名为 b4 的 Elasticsearch 索引。应用程序大致工作如下：

- 与两个索引（books 和 b4）进行通信。

- books 索引是只读的（我们不会添加、删除或覆盖文档）。

- b4 索引用来存储用户数据，包括用户生成的书单信息。

要创建 b4 索引，先确保 Elasticsearch 正在运行，然后打开一个终端，进入上一章的 esclu 目录，使用 esclu 创建 b4 索引：

```
$ ./esclu create-index -i b4
{"acknowledged":true,"shards_acknowledged":true}
```

现在我们已经准备好创建模块化的 RESTful web 服务了。

### 7.3.1 将服务端代码拆分成模块
Separating Server Code into Modules

就像 Hello World 示例一样，b4 服务的主要入口是 `server.js` 文件。但我们现在不直接使用 `app.get()`，而是先指定一些配置参数，然后再引入 API 模块。

首先，创建一个名为 b4 的目录来存放 b4 项目。然后使用 `npm init` 创建一个基础的 `package.json` 文件，使用默认值就可。

```
$ mkdir b4
$ cd b4
$ npm init
```

现在安装 Express、Morgan 和 nconf 模块。下面将使用 nconf 模块来配置设置项，比如 Elasticsearch 服务端的主机名和端口。

```
$ npm install --save --save-exact express@4.14.1 morgan@1.8.1 nconf@0.8.4
```

接下来配置设置项。打开文本编辑器并输入以下内容：

web-services/b4/config.json
```json
{
  "port": 60702,
  "es": {
    "host": "localhost",
    "port": 9200,
    "books_index": "books",
    "bundles_index": "b4"
  }
}
```

将该文件保存为 `config.json`。它包含 Express 监听的端口号以及 Elasticsearch

## 7.3 编写模块化的 Express 的服务

的连接信息。

最后,把组成 server.js 的所有内容放在一起。打开编辑器并输入以下代码:

web-services/b4/server.js
```js
'use strict';
const express = require('express');
const morgan = require('morgan');
const nconf = require('nconf');
const pkg = require('./package.json');
nconf.argv().env('__');
nconf.defaults({conf: `${__dirname}/config.json`});
nconf.file(nconf.get('conf'));

const app = express();

app.use(morgan('dev'));

app.get('/api/version', (req, res) => res.status(200).send(pkg.version));

app.listen(nconf.get('port'), () => console.log('Ready.'));
```

除 nconf 设置外,这个文件的内容你应该非常熟悉。先把 nconf 部分放在一边,让我们看看代码的其余部分。

像之前一样,我们先引入依赖的模块,然后引入 package.json 文件的内容,这样就可以构造一个简单的版本号接口。

在设置 nconf 之后,先调用 express() 来创建 app 对象。通过它开启 Morgan 日志,然后在路径 /api/version 处建立一个简单的 endpoint,该端点返回 package.json 文件中的版本号。

最后让 Express 应用程序监听配置的端口(60702)。让我们先试一下,稍后再看 nconf。

```
$ npm start

> b4@1.0.0 start ./code/web-services/b4
> node server.js

Ready.
```

使用 curl 对 /api/version 接口进行测试。

```
$ curl -s "http://localhost:60702/api/version"
1.0.0
```

一切正常。现在看看 nconf 如何管理配置项。

nconf 模块通过定制配置文件、环境变量和命令行参数的层级管理配置项。加载配置资源的顺序决定了其优先级。越靠前的优先级越高，这意味着一旦被赋值，就无法被其他值覆盖。以下为 server.js 文件中处理 nconf 设置的第一行：

```
nconf.argv().env('__');
```

这一行表示 nconf 应首先读取参数变量，然后读取环境变量。传给 env() 的双下划线表示在读取环境变量时应该使用双下划线来表示对象层级。这是因为许多 shell 程序不允许在变量名中使用冒号。

举个例子，我们曾在 config.json 文件中将 es.host 设置为 localhost。nconf 在默认情况下使用冒号来使对象层级扁平化，所以我们调用 nconf.get('es:host') 来获取这个配置参数的默认值。

现在，我们已经设置好了，nconf 使用参数变量或环境变量覆盖 es:host 的选项，因为这些会被优先读取。要使用命令行参数覆盖 es:host，则可以像这样调用 server.js 文件：

```
$ node server.js --es:host=some.other.host
```

如果想使用环境变量覆盖 es:host，则可以像这样调用 server.js 文件：

```
$ es__host=some.other.host node server.js
```

现在看看 nconf 设置的第二行：

```
nconf.defaults({conf: `${__dirname}/config.json`});
```

这一行为 conf 参数设置了一个默认值。配置文件的路径是我们在前面创建的。但由于我们指定环境变量和命令行参数更为优先，所以用户可以使用这些机制来覆盖配置文件路径。

例如，要使用命令行参数覆盖配置文件路径，你可以这样做：

```
$ node server.js --conf=/path/to/some.other.config.json
```

在 nconf 设置的最后一行，我们告诉 nconf 加载在 conf 路径中设置的文件。

```
nconf.file(nconf.get('conf'));
```

只有在未被命令行参数或环境变量赋值的情况下，该文件中的值才会生效。

这三行代码带来了很大的灵活性。当然，也可以选择采用不同顺序调用 argv()、env()、file()等方法来实现不同的效果。请查看 nconf npm 页面了解详细信息[1]。

## 7.4 使用 nodemon 保持服务不间断运行
Keeping Services Running with nodemon

当磁盘内的文件发生更改时，让 Node.js 应用程序自动重启很有必要，尤其是在开发的过程中。在第 5.4 节使用 Mocha 进行测试时，我们也看到了类似的技巧。

nodemon（Node Monitor 的简称）运行了一个 Node.js 的程序，当源代码发生更改或进程终止时自动重启。要使用它，我们必须先安装并保存依赖项：

```
$ npm install --save --save-exact nodemon@1.11.0
```

打开 package.json 文件，向 scripts 部分添加一个新的 start 命令以覆盖默认值：

```
"scripts":{
"start": "nodemon server.js",
 "test": "echo \"Error: no test specified\" && exit 1"
},
```

保存 package.json 文件后，在终端再次运行 npm start：

```
$ npm start

> b4@1.0.0 start ./code/web-services/b4
> nodemon server.js

[nodemon] 1.11.0
[nodemon] to restart at any time, enter `rs`
[nodemon] watching: *.*
[nodemon] starting `node server.js`
Ready.
```

从现在开始，你更改 b4 项目中的文件后，不需要停止并重新运行 npm start。

---

[1] https://www.npmjs.com/package/nconf

nodemon 会监视文件更改并为你重新启动进程。

## 7.5　添加搜索 API
Adding Search APIs

有了 web 服务端项目的基本结构之后，就该开始添加一些 API 了。先添加用于搜索 books 索引的 API，然后添加用于创建和操作书单的 API。

首先，打开终端进入 b4 项目目录，新建一个名为 lib 的子目录，这个目录用于存放服务端 API 代码的各个模块。

接下来打开一个文本编辑器，为搜索 API 建立以下框架代码：

web-services/b4/lib/search.js
```
/**
 * Provides API endpoints for searching the books index.
 */
'use strict';
const request = require('request');
module.exports = (app, es) => {

  const url = `http://${es.host}:${es.port}/${es.books_index}/book/_search`;
};
```

将该文件保存为 lib/search.js。在代码开头，我们引入 Request 模块，这些内容在第 6 章已经介绍过，它们是 esclu 程序的核心内容。

接下来将一个接收两个参数的函数赋值给 module.exports。其中 app 参数是 Express 应用程序对象，es 是 nconf 提供的与 Elasticsearch 有关的配置参数。

这个函数的主要功能是拼接 URL，这是搜索 books 索引的关键。稍后将为这个文件添加额外的代码来实现 API。

这个项目要使用 Request 模块，请先安装：

```
$ npm install --save --save-exact request@2.79.0
```

最后，让我们将这个新模块整合到 server.js 文件中。现在打开该文件，在 app.get() 和 app.listen() 这两行之间添加如下代码：

web-services/b4/server.js
```
require('./lib/search.js')(app, nconf.get('es'));
```

这段代码引入了 lib/search.js 模块，然后通过传入 Express 应用程序对象和 Elasticsearch 配置直接调用函数模块。当你调用 nconf.get('es') 时，nconf 会返回一个对象，该对象包含从 es 获得的所有配置。

保存 server.js 文件，nodemon 应该会自动重启服务。如果由于某些原因无法重启，控制台就会输出异常信息。

由于 lib/search.js 没有对 Express app 做任何操作，目前没有东西供 curl 测试。接下来会修复这个问题。

## 7.5.1 在 Express 中使用 Request
Using Request with Express

用编辑器打开 lib/search.js 文件。找到导出的模块函数，在设置 Elasticsearch url 常数的后面，添加以下代码：

```
web-services/b4/lib/search.js
/**
 * Search for books by matching a particular field value.
 * Example: /api/search/books/authors/Twain
 */
app.get('/api/search/books/:field/:query', (req, res) => { });
```

这段代码为搜索 API 建立了一个端点（endpoint）。它内部的实现分为两部分。

第一部分构造了一个请求体——会被序列化为 JSON，并发送到 Elasticsearch 的对象。第二部分将触发对 Elasticsearch 的请求，处理最终响应，并将结果转发给 API 的请求者。

由于要向 Elasticsearch 发送请求，这段代码将处理两对不同的请求和响应对象。第一对是 Express 的请求和响应对象（req 和 res）。为了将 Elasticsearch 变量与 Express 的区分开，我们给 Elasticsearch 变量加上 es 前缀（esReq 和 esRes）。

添加以下代码来构建 Elasticsearch 请求：

```
web-services/b4/lib/search.js
const esReqBody = {
    size: 10,
    query: {
        match: {
```

```
            [req.params.field]: req.params.query
        }
    },
};
```

我们构造的 Elasticsearch 请求要符合 Elasticsearch 查询 API[1]，它包含一个限制返回文档数量的 `size` 参数，和一个描述查询文档的 `query` 对象。

来看看 `esReqBody.query.match` 对象是如何创建的。

```
match: {
    [req.params.field]: req.params.query
}
```

被方括号括起来的 JavaScript 对象的键（例如此处的`[req.params.field]`）称为可计算属性名。括号内的表达式在运行时计算，结果被用作键。本例中，由于括号中的表达式为 `req.params.field`，在 `match` 对象中使用的键将是传入请求参数中包含的`:field` 字段。

假如输入的 URL 是`/api/search/books/authors/Twain`。`query.match`对象将有一个属性名为 `authors`，它的值为 `Twain`。

在请求准备就绪后添加下面的代码，向 Elasticsearch 发出请求，并处理响应：

web-services/b4/lib/search.js
```
const options = {url, json: true, body: esReqBody};
request.get(options, (err, esRes, esResBody) => {

    if (err) {
        res.status(502).json({
            error: 'bad_gateway',
            reason: err.code,
        });
        return;
    }

    if (esRes.statusCode !== 200) {
        res.status(esRes.statusCode).json(esResBody);
        return;
    }

    res.status(200).json(esResBody.hits.hits.map(({_source}) => _source));
});
```

此处 `request()`的用法与第 6.3 节的用法相似。我们将两个参数（一个 options

---

[1] https://www.elastic.co/guide/en/elasticsearch/reference/5.2/search-request-body.html

对象和一个处理响应的回调函数）传递给 request()。在回调函数中，大部分代码在做异常处理。

在第一段代码中，我们处理的是无法连接的情况。如果 err 对象不为空，这意味着连接 Elasticsearch 失败。通常这是因为 Elasticsearch 集群无法访问——可能是关闭了，或者主机名配置错误。也有可能是服务器已耗尽了文件描述符，但这种情况并不常见。无论是什么原因，只要无法从 Elasticsearch 获得响应，都应该返回 502 Bad Gateway 给调用方。

在第二段代码中，我们收到了来自 Elasticsearch 的响应，但由于各种各样的原因，它返回的 HTTP 状态码不是 200 OK，例如，如果没有创建 books 索引，会返回 404 Not Found，或者在开发过程中收到 400 Bad Request。在这些情况下，我们都直接将状态码和响应主体返回给调用者。

最后，如果没有出现错误，我们从 Elasticsearch 响应中提取 _source 对象，并将它们作为 JSON 数据返回给调用者。我们来着重看一下 _source 提取代码的这一段：

```
resBody.hits.hits.map(({_source}) => _source)
```

注意，重复的 `hits.hits` 不是错误。这正是 Elasticsearch 构造的查询响应。

在 map() 方法中传递的这个简短匿名的回调方法使用了解构赋值的技术。匿名函数参数中的一对花括号（`{_source}`）表示我们希望得到一个具有 _source 属性的对象，并且想创建一个一模一样的本地变量。

声明变量时也可以使用解构赋值。下面的代码和我们的代码效果是相同的。

```
resBody.hits.hits.map(hit => {
    const {_source} = hit;
    return _source;
})
```

你写的新搜索 API 代码应该如下所示：

web-services/b4/lib/search.js
```
/**
 * Search for books by matching a particular field value.
 * Example: /api/search/books/authors/Twain
 */
app.get('/api/search/books/:field/:query', (req, res) => {
```

```js
    const esReqBody = {
        size: 10,
        query: {
            match: {
                [req.params.field]: req.params.query
            }
        },
    };

    const options = {url, json: true, body: esReqBody};
    request.get(options, (err, esRes, esResBody) => {
        if (err) {
        res.status(502).json({
            error: 'bad_gateway',
            reason: err.code,
        });
        return;
        }

        if (esRes.statusCode !== 200) {
            res.status(esRes.statusCode).json(esResBody);
            return;
        }

        res.status(200).json(esResBody.hits.hits.map(({_source}) => _source));
    });
});
```

保存 search.js 文件，如果 nodemon 仍在运行，服务就会自动重启，API 会立即生效。

现在让我们使用 curl 和 jq 来列出一些莎士比亚的作品：

```
$ curl -s localhost:60702/api/search/books/authors/Shakespeare | jq '.[].title'
"Venus and Adonis"
"The Second Part of King Henry the Sixth"
"King Richard the Second"
"The Tragedy of Romeo and Juliet"
"A Midsummer Night's Dream"
"Much Ado about Nothing"
"The Tragedy of Julius Caesar"
"As You Like It"
"The Tragedy of Othello, Moor of Venice"
"The Tragedy of Macbeth"
```

使用这个 API，可以搜索其他字段，例如，你可以搜索标题内包含 *Sawyer* 的书籍：

```
$ curl -s localhost:60702/api/search/books/title/sawyer | jq '.[].title'
"Tom Sawyer Abroad" "Tom Sawyer, Detective" "The Adventures of Tom Sawyer"
"Tom Sawyer\nKoulupojan historia"
```

```
"Tom Sawyer Abroad"
"Tom Sawyer, Detective"
"The Adventures of Tom Sawyer, Part 3."
"De Lotgevallen van Tom Sawyer"
"The Adventures of Tom Sawyer"
"Les Aventures De Tom Sawyer"
```

如果你得到了同样的结果，恭喜你。接下来添加另一个 API，这个 API 会根据搜索项返回建议。

## 7.6 使用 Promise 简化代码
Simplifying Code Flows with Promises

本节将在 lib/search.js 文件中添加另一个 API。与上一节的/search/books API 一样，这个/suggest API 将会访问 Elasticsearch 集群上的信息，但这次我们不使用回调，而是使用 Promise 管理异步控制流。

### 7.6.1 了解 Promise
Fulfilling Promises

为了理解 Promise，首先简要回顾一下 JavaScript 代码流及其构建机制。常规的 JavaScript 函数执行有两种结束方式：运行完成（成功）和抛出异常（失败）。

对同步代码来说这已经足够了，但对异步代码来说还不够。Node.js 核心模块的回调使用两个参数来反映这两种情况，例如(err, data) =>{...}。而 EventEmitters 使用不同的事件类型（如 data 和 error）来区分成功和失败。

Promise 提供了另一种管理异步结果的方法。Promise 是一个对象，它封装了一个操作的两种可能结果（成功和失败）。一旦操作完成，Promise 会被 *resolve*（成功时）或被 *reject*（错误时）。使用 Promise 时，你将使用.then()和.catch()分别为这些情况添加回调函数。

让我们看一个简单的例子。

```
const promise = new Promise((resolve, reject) => {
  // If successful:
  resolve(someSuccessValue);
  // Otherwise:
  reject(someErrorValue);
});
```

这里我们创建一个新的 Promise，并传递给它一个立即会被执行的匿名回调函数。`resolve` 和 `reject` 参数是你分别调用来 resolve 或 reject Promise 的回调函数。传递给这些函数的值将被发送到 `.then()` 或 `.catch()` 处理程序。

接下来添加以下代码：

```
promise.then(someSuccessValue => { /* Do something on success. */ });
promise.catch(someErrorValue => { /* Do something on failure. */ });
```

只要 Promise 的请求处于 settled 状态，就会调用特定的回调。重要的是，当你将处理程序与 `.then()` 和 `.catch()` 连接在一起时，该 Promise 是否已处于 settled 状态并不重要。一旦 Promise 处于 settled 状态，这些处理程序将立即被调用。而如果 Promise 还没有进入 settled 状态，那么处理程序将等待被调用。这与典型的 EventEmitter 不同，如果你太晚才附加 `.on('error')` 处理程序，就会错过处理该事件的机会。

一个 Promise 只能进入 settled 状态一次。也就是说，一旦 Promise 被 resolve 或 reject，就不能第二次被 resolve 或 reject 了。这并不妨碍你使用 `.then()` 或 `.catch()` 添加更多回调，但它保证了以这种方式添加的回调至多被调用一次。而典型的 EventEmitter 会执行许多 `data` 或 `error` 事件。

理论讲解告一段落。让我们看看实际运用中的 Promise。

### 7.6.2 通过 Promise 调用 request
Using a Promise with request

首先，打开 `lib/search.js` 文件，在 `/search/books` API 下面添加以下代码，创建 `/suggest` API 接口。

```
web-services/b4/lib/search.js
/**
 * Collect suggested terms for a given field based on a given query.
 * Example: /api/suggest/authors/lipman
 */
app.get('/api/suggest/:field/:query', (req, res) => { });
```

与 `/search/books` API 一样，这个 API 包含两个参数：`:field` 字段表示需要搜索建议的字段，`:query` 字段表示搜索的内容。

接下来构造 Elasticsearch 的请求主体和通过 `request()` 发送的 options 对象。

```
web-services/b4/lib/search.js
const esReqBody = {
    size: 0,
    suggest: {
        suggestions: {
            text: req.params.query,
            term: {
                field: req.params.field,
                suggest_mode: 'always',
            },
        }
    }
};

const options = {url, json: true, body: esReqBody};
```

这个请求主体用来触发 Elasticsearch 的搜索建议功能。将 `size` 参数设置为 0，表示我们不希望 Elasticsearch 返回任何相匹配的文档，只需要建议。

Elasticsearch 的 Suggest API 允许你在同一个请求中请求多个类型的建议，但是这里我们只提交一个。如果请求成功，那么我们希望得到一个 JSON 对象，该对象包含如下内容，这是由搜索作者字符串 *lipman* 得到的：

```
{
    "suggest": {
        "suggestions": [
            {
                "text": "lipman",
                "offset": 0,
                "length": 6,
                "options": [
                    {
                        "text": "lilian",
                        "score": 0.6666666,
                        "freq": 26
                    },
                    {
                        "text": "lippmann",
                        "score": 0.6666666,
                        "freq": 5
                    },
                    // ...
                ]
            }
        ]
    }
}
```

要得到这个结果，需要用到 `request()`，但这次我们还会使用 Promise。在创建 `options` 对象的后面添加以下代码：

```
web-services/b4/lib/search.js
const promise = new Promise((resolve, reject) => {
  request.get(options, (err, esRes, esResBody) => {
    if (err) {
      reject({error: err});
      return;
    }

    if (esRes.statusCode !== 200) {
      reject({error: esResBody});
      return;
    }

    resolve(esResBody);
  });
});

promise
  .then(esResBody => res.status(200).json(esResBody.suggest.suggestions))
  .catch(({error}) => res.status(error.status || 502).json(error));
```

这段代码分为两部分。首先创建了 Promise，接着给它附上回调。

在 Promise 创建过程中，我们像往常一样调用 request()。但这次不直接处理结果，而是使用 reject 和 resolve。

案例中两处 reject 的处理和之前一样。如果 Elasticsearch 集群不可访问，则会填充 err 对象。另一方面，如果是请求格式错误，那么 err 对象将是 null，但 statusCode 不会是 200 OK。在这两种情况下，我们都希望 reject Promise，以便调用 .catch() 处理程序。

注意，传递给 reject() 的对象有一个名为 error 的键，其中包含出错细节。当你在 Promise 中调用 reject() 时，可以任意给它赋值（或者根本不赋值）。

如果 Elasticsearch 可访问，且返回了 200 OK 的状态码，那么我们就可以调用 resolve 了。

一旦创建了 Promise，就会附加一个 .then() 和一个 .catch() 处理程序。.then() 处理程序将 Express 响应状态设置为 200，然后提取并序列化从 Elasticsearch 返回的 suggest.suggestions 对象。

.catch() 处理程序提取了响应对象的 .error 属性。它还采用了 /search/books API 中提取 _source 文档时使用的解构赋值技术。在回调中，我们使用 error 对象返回响应的状态码和主体。

保存 lib /earch.js 文件。现在 /suggest API 代码应该如下所示：

web-services/b4/lib/search.js
```js
/**
 * Collect suggested terms for a given field based on a given query.
 * Example: /api/suggest/authors/lipman
 */
app.get('/api/suggest/:field/:query', (req, res) => {

  const esReqBody = {
    size: 0,
    suggest: {
      suggestions: {
        text: req.params.query,
        term: {
          field: req.params.field,
          suggest_mode: 'always',
        },
      }
    }
  };

  const options = {url, json: true, body: esReqBody};

  const promise = new Promise((resolve, reject) => {
    request.get(options, (err, esRes, esResBody) => {

        if (err) {
          reject({error: err});
          return;
        }

        if (esRes.statusCode !== 200) {
          reject({error: esResBody});
          return;
        }

        resolve(esResBody);
    });
  });

  promise
    .then(esResBody => res.status(200).json(esResBody.suggest.suggestions))
    .catch(({error}) => res.status(error.status || 502).json(error));
```

保存文件后，nodemon 会检测到修改并重启服务。现在可以使用 curl 和 jq 来访问服务了。

首先，让我们试着找出作者是 *lipman* 的搜索建议。

```
$ curl -s localhost:60702/api/suggest/authors/lipman | jq '.'
[
  {
    "text": "lipman",
    "offset": 0,
    "length": 6,
    "options": [
```

```
        {
          "text": "lilian",
          "score": 0.6666666,
          "freq": 26
        },
        {
          "text": "lippmann",
          "score": 0.6666666,
          "freq": 5
        },
        {
          "text": "lampman",
          "score": 0.6666666,
          "freq": 3
        },
        {
          "text": "lanman",
          "score": 0.6666666,
          "freq": 3
        },
        {
          "text": "lehman",
          "score": 0.6666666,
          "freq": 3
        }
      ]
    }
]
```

如果你看到这个结果，恭喜你！你还可以使用 `jq` 来提取搜索建议的 `text` 字段。

```
$ curl -s localhost:60702/api/suggest/authors/lipman | jq '.[].options[].text'
"lilian"
"lippmann"
"lampman"
"lanman"
"lehman"
```

下面介绍一个新模块 request-promise，它可以简化 request()模块的使用过程。

### 7.6.3 用 request-promise 替代 request
Replacing request with request-promise

上一节创建了一个 Promise，从成功和失败案例的处理中抽象出异步请求的实现。实践中通常不会使用 `new Promise()`为异步功能创建 Promise。使用工厂方法创建 Promise 更常见。

例如，可以用静态方法 `Promise.resolve()`创建新的 Promise 并立即调用

resolve。

```
Promise.resolve("exampleValue")
    .then(val => console.log(val)); // Logs "exampleValue".
```

我们要介绍的这个模块叫 request-promise，它封装了各种 request 方法，并返回 Promise 而不是回调。请先安装它：

```
$ npm install --save --save-exact request-promise@4.1.1
```

接着在 lib/search.js 的顶部添加一行代码，调用 require()，并赋值给常量 rp。

web-services/b4/lib/search.js
```
const rp = require('request-promise');
```

现在，它替代上一节的 promise 创建代码，将代码简化为：

web-services/b4/lib/search.js
```
rp({url, json: true, body: esReqBody})
    .then(esResBody => res.status(200).json(esResBody.suggest.suggestions))
    .catch(({error}) => res.status(error.status || 502).json(error));
```

这就是为什么我要将 reject 的返回值放在一个对象中，该对象的 .error 属性包含了错误信息，以便我们可以使用 request-promise 进行替换。

本章后面的 API 将使用 request-promise 替代常规 request()。现在，让我们继续构建用于处理书单的 API 接口。我们还需要创建、更新、删除记录的 API。

## 7.7 操作 RESTfull 文档
### Manipulating Documents RESTfully

本章前半部分开发了基于各种搜索条件发现和返回书籍的 API。后半部分将创建操作书单的 API。

这里有一个书单的例子：

```
{
  "name": "light reading",
  "books": [{
    "id": "pg132",
    "title": "The Art of War"
  },{
```

```
    "id": "pg2680",
    "title": "Meditations",
},{
    "id": "pg6456",
    "title": "Public Opinion"
}]
}
```

创建这类 API 的工作量要比创建搜索 API 的工作量更大，因为它们需要在 Node.js 服务和底层数据库之间来回切换。比如，更新书单名称的 API 大致要完成以下工作。

（1）通过 Elasticsearch 检索 bundle。

（2）在内存中更新对象的名称字段。

（3）将更新后的对象重新放回 Elasticsearch。

除了异步处理和顺序处理，还需要处理各种失败情况。如果 Elasticsearch 无法访问怎么办？如果 bundle 不存在怎么办？如果 bundle 在 Node.js 下载和上传的时间内发生了更改怎么办？如果 Elasticsearch 由于某些原因无法更新怎么办？

你可能意识到，有些问题在创建搜索 API 时已经考虑到了。一连串的异步事件很可能中途失败，重要的是考虑 API 应该向用户提供怎样的响应。什么样的 HTTP 状态代码最适合解释这种情况？你应该提供什么样的错误信息？

让我们开始吧。首先创建一个名为 lib/bundle.js 的文件。

web-services/b4/lib/bundle.js
```
/**
 * Provides API endpoints for working with book bundles.
 */
'use strict';
const rp = require('request-promise');

module.exports = (app, es) => {
  const url = `http://${es.host}:${es.port}/${es.bundles_index}/bundle`;
};
```

接下来，打开你的 server.js 文件，使用 require() 引入 bundle API。

web-services/b4/server.js
```
require('./lib/bundle.js')(app, nconf.get('es'));
```

要用 RESTful API 创建新资源，正确的方法是使用 HTTP POST。回忆一下，当不知道资源将驻留何处时，应该使用 POST。

在书单的例子中，尽管每个 bundle 都有一个 name 参数，但它不能保证唯一性，因此它们不作为唯一标识符。最好是让 Elasticsearch 自动为每个 bundle 创建一个标识符。

将以下代码添加到 `module.exports` 函数，用于创建书单：

web-services/b4/lib/bundle.js
```js
/**
 * Create a new bundle with the specified name.
 * curl -X POST http://<host>:<port>/api/bundle?name=<name>
 */
app.post('/api/bundle', (req, res) => {
    const bundle = {
        name: req.query.name || '',
        books: [],
    };

    rp.post({url, body: bundle, json: true})
        .then(esResBody => res.status(201).json(esResBody))
        .catch(({error}) => res.status(error.status || 502).json(error));
});
```

首先，与之前的 API 一样，我们是使用 app.post() 而不是使用 app.get()。这意味着 Express 只有在请求 HTTP POST 方法时才使用此处理程序。这个 API 未指定任何路由参数，但是接受一个名为 name 的可选查询参数。

在回调中，首先构造 bundle 对象，它包含一个 name 字段 (可能是空字符串)，以及一个初始值为空的列表，用来存放将被添加到 bundle 中的图书。

接下来使用 rp.post() 将 POST 请求发送到 Elasticsearch，传入刚刚创建的 bundle 对象的 JSON 数据。rp.post() 返回一个 Promise，我们使用 .then() 和 .catch() 连接成功和失败回调。这种模式和之前的 /suggest API 一样，但返回的不是 200 OK，这次返回一个 201 Created HTTP 状态码。保存 lib/bundle.js 文件，一切准备就绪。打开终端，使用 curl 创建一个 bundle。

```
$ curl -s -X POST localhost:60702/api/bundle?name=light%20reading | jq '.'
{
  "_index": "b4",
  "_type": "bundle",
  "_id": "AVuFkyXcpWVRyMBC8pgr",
  "_version": 1,
  "result": "created",
  "_shards": {
```

```
    "total": 2,
    "successful": 1,
    "failed": 0
  },
  "created": true
}
```

注意 _id 字段,这是 Elasticsearch 为刚刚创建的 bundle 文档自动生成的。复制这个字符串,后面还会用到它。可以把它放到一个环境变量里,便于检索。

```
$ BUNDLE_ID=AVuFkyXcpWVRyMBC8pgr
$ echo $BUNDLE_ID
AVuFkyXcpWVRyMBC8pgr
```

使用 curl,可以直接通过 Elasticsearch 来检查这个 bundle 文档。

```
$ curl -s localhost:9200/b4/bundle/$BUNDLE_ID | jq '.'
{
  "_index": "b4",
  "_type": "bundle",
  "_id": "AVuFkyXcpWVRyMBC8pgr",
  "_version": 1,
  "found": true,
  "_source": {
    "name": "light reading",
    "books": [] }
}
```

下一节会添加一个 API 来执行这种查找,这样就不必直接使用 Elasticsearch 了。下面学习 Node.js 8 最令人兴奋的新特性之一:async 函数。

## 7.8 使用 async 和 await 模拟同步
### Emulating Synchronous Style with async and await

Node.js 8 的新特性之一是引入了 async 函数。async 函数不但可以简化代码,还可以使用更自然的方式构建代码。

常规函数总是运行到完成,而 async 函数可以暂停,等待 Promise 的完成。请注意,这并不违反 JavaScript 的单线程原则。它并不是其他代码抢占,而是由你开启事件循环来等待一个 Promise 的响应。

举一个例子。设计一个返回 Promise 的函数。

```
const delay = (timeout = 0, success = true) => {
  const promise = new Promise((resolve, reject) => {
    setTimeout(() => {
```

```
    if (success) {
      resolve(`RESOLVED after ${timeout} ms.`);
    } else {
      reject(`REJECTED after ${timeout} ms.`);
    }
  }, timeout);
});
return promise;
};
```

delay()函数接受两个参数：以毫秒为单位的 timeout，以及布尔值 success。success 表示返回的 Promise 是否在指定的时间后被 resolve（true）或被 reject（false）。使用 delay()函数非常简单——你可以调用它的.then()和.catch()方法来指定回调处理程序。这里有一个例子：

```
const useDelay = () => {
  delay(500, true)
    .then(msg => console.log(msg))      // Logs "RESOLVED after 500 ms."
    .catch(err => console.log(err));    // Never called.
};
```

useDelay()函数调用 delay()，并预计在 500 毫秒后获得 Promise 的处理。无论 Promise 是被 resolve 还是被 reject，结果都会在控制台输出。

现在让我们来看看 useDelay()是一个什么样的 async 函数。

```
const useDelay = async () => {
  try {
    const msg = await delay(500, true);
    console.log(msg); // Logs "RESOLVED after 500 ms."
  } catch (err) {
    console.log(err); // Never called.
  }
};
```

首先，注意在函数声明中添加的 async 关键字。这表明函数可以在 Promise 处理时配合 await 来使用。

接下来，注意 try{}代码块中 await 关键字。在 async 函数的内部，await 等待 Promise 的处理结果。如果这个 Promise 处理完毕，那么 await 表达式就会计算返回值，而 async 函数会从它停止的地方继续执行。

另一方面，如果 Promise 被 reject，那么返回值会作为一个异常被抛出。在这种情况下，我们使用 catch{}代码块来处理它。

Promise 和 async 函数的配合使用，为同步和异步操作提供了一致的、统一的编码风格。我们会在即将添加的 bundle API 中继续使用 async 函数。

## 7.9 为 Express 提供一个 async 处理函数
Providing an Async Handler Function to Express

打开 lib/bundle.js 文件，在之前创建 bundle 的 API 代码后面，以及在 module.exports 函数内部，添加以下代码：

```
web-services/b4/lib/bundle.js
/**
 * Retrieve a given bundle.
 * curl http://<host>:<port>/api/bundle/<id>
 */
app.get('/api/bundle/:id', async (req, res) => {
  const options = {
    url: `${url}/${req.params.id}`,
    json: true,
  };
  try {
    const esResBody = await rp(options);
    res.status(200).json(esResBody);
  } catch (esResErr) {
    res.status(esResErr.statusCode || 502).json(esResErr.error);
  }
});
```

这段代码为/bundle/:id 路由设置了一个处理程序，这允许我们通过 ID 来检索 bundle。注意在参数之前使用 async 关键字，这表明我们正在使用 async 函数。与其他路由处理程序一样，在 async 函数内部，代码分为两部分：设置 options 和请求 Elasticsearch。

设置完 options，使用 try/catch 处理 Elasticsearch 请求的成功和失败。我们使用 await rp(options)表达式请求 Elasticsearch。这使得 async 函数在等待 Promise 处理时处于暂停状态。

Promise 处理完毕后，await 表达式将返回 Elasticsearch 的响应主体。这里，我们通过 Express 响应对象 res 发送 200 OK 状态。

如果 Promise 被 reject，那么 await 表达式将抛出异常，捕获并处理它。在这种情况下，返回值是一个包含失败信息的对象。我们使用该对象的.statuscode 和.error 属性来结束 Express 响应。

使用 curl 和 jq 来试试。打开终端进入保存 BUNDLE_ID 的目录，运行以下命令：

```
$ curl -s localhost:60702/api/bundle/$BUNDLE_ID | jq '.'
{
  "_index": "b4",
  "_type": "bundle",
  "_id": "AVuFkyXcpWVRyMBC8pgr",
  "_version": 1,
  "found": true,
  "_source": {
    "name": "light reading",
    "books": []
  }
}
```

bundle 对象位于该返回对象的 _source 属性中。你还可以尝试为一个不存在的 ID 获取 bundle，看看它的返回值是什么。

```
$ curl -s localhost:60702/api/bundle/no-such-bundle | jq '.'
{
  "_index": "b4",
  "_type": "bundle",
  "_id": "no-such-bundle",
  "found": false
}
```

回到运行 Node.js 的终端，你会看到如下内容：

```
GET /api/bundle/AVuFkyXcpWVRyMBC8pgr 200 60.512 ms - 133
GET /api/bundle/no-such-bundle 404 40.986 ms - 69
```

有关 try/catch 代码块，还有一件事要注意，假设我们遗漏了 try/catch 代码块。

web-services/b4/lib/bundle.js
```
// BAD IMPLEMENTATION! async Express handler without a try/catch block.
app.get('/api/bundle/:id', async (req, res) => {
  const options = {
    url: `${url}/${req.params.id}`,
    json: true, };

  const esResBody = await rp(options);
  res.status(200).json(esResBody);
});
```

如果 rp() 返回的 Promise 被 reject（而不是 resolve），会发生什么呢？

让我们试一试。注释掉 async 函数中的 try/catch 代码，然后保存文件。使用 curl 尝试访问不存在的 bundle。

```
$ curl -v localhost:60702/api/bundle/no-such-bundle
* Trying 127.0.0.1...
* Connected to localhost (127.0.0.1) port 60702 (#0)
> GET /api/bundle/no-such-bundle HTTP/1.1
> Host: localhost:60702
> User-Agent: curl/7.47.0
> Accept: */*
>
```

你应该注意到两件事情。第一，curl 调用似乎永远不会终止。它只是在发送请求之后挂起，但没有收到响应。

第二，是 Node.js 终端中的警告消息。

```
(node:16075) UnhandledPromiseRejectionWarning: Unhandled promise rejection
    (rejection id: 1): StatusCodeError: 404 - {"_index":"b4","_type":"bundle",
    "_id":"no-such-bundle","found":false}
(node:16075) DeprecationWarning: Unhandled promise rejections are deprecated.
    In the future, Promise rejections that are not handled will terminate the
    Node.js process with a nonzero exit code.
```

事实证明，await 触发了异常，但它并没有在 async 函数中被捕获，而是在 Promise 中由 async 函数返回。这个 Promise 被 reject 了，但是因为它的 reject 没有被处理，所以我们收到了警告。

当使用 async 函数作为 Express 路径处理程序时，我们通常会加上 try/catch 代码块。一般来说，你应该考虑 Promise 被 reject 的情况，并采取相应措施。

让我们继续添加 API。

### 7.9.1 使用 PUT 为 Bundle 命名
Setting the Bundle Name with PUT

现在将使用 async 函数来实现一个 API 接口，它可以设置 bundle 的 name 属性。

打开 lib/bundle.js 文件，在 GET bundle API 之后添加以下代码：

```
web-services/b4/lib/bundle.js
/**
 * Set the specified bundle's name with the specified name.
 * curl -X PUT http://<host>:<port>/api/bundle/<id>/name/<name>
 */
app.put('/api/bundle/:id/name/:name', async (req, res) => {
  const bundleUrl = `${url}/${req.params.id}`;

  try {
    const bundle = (await rp({url: bundleUrl, json: true}))._source;
```

```
      bundle.name = req.params.name;

      const esResBody =
        await rp.put({url: bundleUrl, body: bundle, json: true});
      res.status(200).json(esResBody);

    } catch (esResErr) {
      res.status(esResErr.statusCode || 502).json(esResErr.error);
    }
});
```

首先，在 async 函数中根据提供的 ID 构建 bundleUrl。接下来添加 try/catch 代码块，它将处理所有的 Elasticsearch 请求和响应。

看看 try{}代码块的第一行。这里像之前一样使用 await rp()来暂停，但它是一个圆括号表达式。在表达式之外，我们使用._source 从 Elasticsearch 响应中提取 bundle 对象。这表明通过 await 获得的结果可以用于更复杂的表达式。

获得 bundle 对象后，使用 name 参数覆盖它的 name 字段。然后使用 rp.put() 将该对象传送给 Elasticsearch。由此产生的 Elasticsearch 响应体包含成功操作的信息，再通过 Express 返回。

像往常一样，如果出现问题，我们会捕捉到 Elasticsearch 的错误信息，它通过 Express 返回给用户。保存文件，我们来尝试一下。

将 BUNDLE_ID 保存为环境变量的那个终端，运行以下命令，将 bundle 名设置为 *foo*。

```
$ curl -s -X PUT localhost:60702/api/bundle/$BUNDLE_ID/name/foo | jq '.'
{
  "_index": "b4",
  "_type": "bundle",
  "_id": "AVuFkyXcpWVRyMBC8pgr",
  "_version": 2,
  "result": "updated",
  "_shards": {
    "total": 2,
    "successful": 1,
    "failed": 0
  },
  "created": false
}
```

你可以使用 GET bundle API 检索 bundle，确认它是不是真的被保存了。

```
$ curl -s localhost:60702/api/bundle/$BUNDLE_ID | jq '._source'
{
```

```
    "name": "foo",
    "books": []
}
```

请注意，Express 路由将正斜杠视为分隔符，因此，如果你想将 bundle 的名称设置为 *foo/bar*，则需进行 URI 编码将斜杠写作*%2F*。对其他特殊字符，如问号和哈希符号，也需要做类似处理。

现在让我们开始更复杂的路由处理程序。接下来你将了解如何管理并发的 Promise，以同时进行异步请求。

## 7.9.2 把一本书放入 bundle
### Putting a Book into a Bundle

现在 bundle API 可以用来创建 bundle，检索 bundle，并设置 bundle 的名称，但它还不能存储书籍。本节将添加一个 API 接口，用于将一本书放入 bundle。

让我们先看一下代码。打开 `lib/bundle.js` 文件，在你已经添加的所有 API 后面，以及在 `module.export()` 函数里添加如下代码：

web-services/b4/lib/bundle.js
```
/**
 * Put a book into a bundle by its id.
 * curl -X PUT http://<host>:<port>/api/bundle/<id>/book/<pgid>
 */
app.put('/api/bundle/:id/book/:pgid', async (req, res) => {
  const bundleUrl = `${url}/${req.params.id}`;

  const bookUrl =
      `http://${es.host}:${es.port}` +
      `/${es.books_index}/book/${req.params.pgid}`;

  try {

  } catch (esResErr) {
    res.status(esResErr.statusCode || 502).json(esResErr.error);
  }
});
```

这段代码建立了一个 API，它的功能是将一本由 Project Gutenberg ID 标识的书放到一个由 bundle ID 标识的书单里。`try{}`目前为空，稍后会进一步完善它。

这是第一个需要同时请求 Elasticsearch 索引和 bundle 索引的 API。因此，我们先计算两个对象在各自索引中的 URL。还需要从 book 索引中取出这本书，把它添加到 bundle 中。

## 7.9 为 Express 提供一个 async 处理函数

底部的 catch{}代码块像之前的所有 API 一样，处理 Express 请求返回的失败信息。现在让我们完成 try{}代码块，先添加以下代码：

web-services/b4/lib/bundle.js
```
// Request the bundle and book in parallel.
const [bundleRes, bookRes] = await Promise.all([
  rp({url: bundleUrl, json: true}),
  rp({url: bookUrl, json: true}),
]);
```

Promise.all()方法接收一个 Promise 的数组（它是一个 iterable 对象，包含一定数量的 Promise），然后返回一个新的 Promise。所有 Promise 都处理完后，Promise.all()才会完成处理，它的返回值将和被传入的 Promise 保持相同的顺序。

当有 Promise 被 reject 时，Promise.all()会立即被 reject。这意味着如果被传入的多个 Promise 都被 reject，则 Promise.all()只会返回第一个被 reject 的 Promise 值。

传给 Promise.all()的 Promise 数组包括 rp()的调用，用来从它们各自的索引中检索 bundle 和 book。它们会并行地发起请求。

我们等待 Promise.all()，然后使用解构赋值来提取相应的 bundle 和 book 响应对象。任何一个请求失败，Promise 都将被 reject，reject 后的返回值会被抛出，我们在 catch{}代码块中处理它，并将其传给 Express 进行响应。

假设我们以如下方式编写代码：

```
const bundleRes = rp({url: bundleUrl, json: true});
const bookRes = rp({url: bookUrl, json: true});
```

这样也可以产生相同的结果：bundleRes 和 bookRes 被赋值。但是，只有在 bundle 请求完成之后，book 请求才会开始。

现在，继续在 try{}代码块中添加代码。在 Promise.all()后面添加以下代码：

web-services/b4/lib/bundle.js
```
// Extract bundle and book information from responses.
const {_source: bundle, _version: version} = bundleRes;
const {_source: book} = bookRes;

const idx = bundle.books.findIndex(book => book.id === req.params.pgid);
if (idx === -1) {
  bundle.books.push({
```

```
      id: req.params.pgid,
      title: book.title,
    }); }
    
    // Put the updated bundle back in the index.
    const esResBody = await rp.put({
      url: bundleUrl,
      qs: { version },
      body: bundle,
      json: true,
    });
    res.status(200).json(esResBody);
```

首先，这段代码使用解构赋值来提取和重命名 bundle 和 book 响应中的一些变量，包括 book 和 bundle 对象本身以及 bundle 的版本。在更新文档时要检测竞态条件，会用到版本信息。

提取变量后，使用 Array.findIndex() 确定这本书是否已经在 bundle 里。如果不在，那么可将它放到 bundle.books 数组末尾。然后将更新的 bundle 返回给 Elasticsearch。

注意，将 bundle 文档放入 bundle 索引时，对 rp() 的调用中包含一个查询字符串（qs）。这里我们传递的是之前从 bundleRes 中读取的 bundle 版本号。

Elasticsearch 接收请求后检查该文档的内部版本号是否与查询字符串匹配。如果不匹配，则意味着文档发生了变化。Elasticsearch 将返回一个 409 Conflict HTTP 状态码。这将导致 await 子句抛出异常。

如果一切顺利，通过 Express 返回 200 OK 和 Elasticsearch 响应体。现在，添加一本书的 API 代码应该是这样的：

web-services/b4/lib/bundle.js
```
/**
 * Put a book into a bundle by its id.
 * curl -X PUT http://<host>:<port>/api/bundle/<id>/book/<pgid>
 */
app.put('/api/bundle/:id/book/:pgid', async (req, res) => {
  const bundleUrl = `${url}/${req.params.id}`;
  
  const bookUrl =
    `http://${es.host}:${es.port}` +
    `/${es.books_index}/book/${req.params.pgid}`;
  try {
    // Request the bundle and book in parallel.
    const [bundleRes, bookRes] = await Promise.all([
      rp({url: bundleUrl, json: true}),
      rp({url: bookUrl, json: true}),
    ]);
```

```
    // Extract bundle and book information from responses.
    const {_source: bundle, _version: version} = bundleRes;
    const {_source: book} = bookRes;

    const idx = bundle.books.findIndex(book => book.id === req.params.pgid);
    if (idx === -1) {
      bundle.books.push({
        id: req.params.pgid,
        title: book.title,
      });
    }

    // Put the updated bundle back in the index.
    const esResBody = await rp.put({
      url: bundleUrl,
       qs: { version },
      body: bundle,
      json: true,
    });
    res.status(200).json(esResBody);

  } catch (esResErr) {
    res.status(esResErr.statusCode || 502).json(esResErr.error);
  }
});
```

保存 lib/bundle.js 文件，nodemon 会自动重启服务。现在可以测试它了。

假设你仍然有之前设置的 BUNDLE_ID 环境变量，让我们为它添加一本书。我们将加入《孙子兵法》的英文版，它的 Project Gutenberg ID 是 132。

```
$ curl -s -X PUT localhost:60702/api/bundle/$BUNDLE_ID/book/pg132 | jq '.'
{
  "_index": "b4",
  "_type": "bundle",
  "_id": "AVuFkyXcpWVRyMBC8pgr",
  "_version": 3,
  "result": "updated",
  "_shards": {
    "total": 2,
    "successful": 1,
    "failed": 0
  },
  "created": false
}
```

再次使用检索 API，检查书是否添加进去。

```
$ curl -s localhost:60702/api/bundle/$BUNDLE_ID | jq '._source'
{
  "name": "foo",
  "books": [
    {
```

```
            "id": "pg132",
            "title": "The Art of War"
        }
    ]
}
```

很好！现在我们还缺一个从 bundle 中删除一本书或者完全删除一个 bundle 的 API。

## 7.10 小结与练习
### Wrapping Up

本章学习了使用 Express 创建 RESTful API。

首先学习了安装 Express 和 Morgan 日志工具，以及如何将基于 Express 的 web 服务的内容整合在一起。

为了管理服务配置，我们学习了 nconf 模块。只用了三行代码就完成了配置工作。我们还掌握了 nodemon 的用法，让它保持服务运行，当代码发生变化时自动重新启动。

然后编写了多个搜索 API，通过使用 Elasticsearch 查找文档字段获取书籍。开始我们使用的还是 Request 模块，但是很快就升级到用 Promise 来管理异步代码。

最后开发了用于处理 bundle 的 API。在 Promise 的基础上，引入了使用 async 和 await 关键字的 async 函数。这种组合既实现了一种易读的、同步的编码方式，又享受了非阻塞的、异步函数的好处。

下面的练习要求你继续完成操作 bundle 的 API。

### 7.10.1 完全删除一个 bundle
#### Deleting a Bundle Entirely

我们编写了一系列创建和操作 bundle 的 API，但缺少一个删除 bundle 的 API。

以下是你要添加的 API 的基本框架：

```
web-services/b4/lib/bundle.js
/**
 * Delete a bundle entirely.
 * curl -X DELETE http://<host>:<port>/api/bundle/<id>
 */
```

```
app.delete('/api/bundle/:id', async (req, res) => {
});
```

在 Express 路由处理回调函数中，要实现以下功能：

- 根据 es 配置对象和请求参数确定 bundle 的 URL。
- 使用 await 调用 rp()，直到完成删除操作。
- 在 try/catch 代码块中完成 await，处理各种错误。

提示：可以使用 rp.delete() 方法将 HTTP DELETE 请求发送到 Elasticsearch。

## 7.10.2 从 bundle 中删除一本书
Removing a Book from a Bundle

这个练习要求你实现一个 DELETE API，要求从 bundle 中删除一本书（不是删除整个 bundle）。

以下是 API 的基本框架：

web-services/b4/lib/bundle.js
```
/**
 * Remove a book from a bundle.
 * curl -X DELETE http://<host>:<port>/api/bundle/<id>/book/<pgid>
 */
app.delete('/api/bundle/:id/book/:pgid', async (req, res) => {
  const bundleUrl = `${url}/${req.params.id}`;

  try {

  } catch (esResErr) {
    res.status(esResErr.statusCode || 502).json(esResErr.error);
  }
});
```

在 try{} 代码块中，要实现以下功能：

- 使用 await 和 rp()，从 Elasticsearch 检索 bundle 对象。
- 通过 bundle.books 列表找到这本书的索引。
- 把书从列表中删除（提示：使用 Array.splice()）。
- 把新 bundle 对象传给 Elasticsearch 索引，再次调用 await 和 rp()。

注意，如果 bundle 不包含请求中要求删除的书籍，那么处理程序应该返回 409 Conflict HTTP 状态码。要实现这一点，你可以抛出一个错误对象，设置 **statusCode** 属性为 409，并包含相关的错误信息。它将被 **catch** 块捕获并用于完成 Express 的响应。

如果遇到困难，可以参考随书代码。祝你好运！

# 第 8 章

# 打造漂亮的用户界面
Creating a Beautiful User Experience

对于开发者来说，API 和命令行工具是非常好用的，通过它们能方便地与操作系统进行交互；但是用户更喜欢友好、漂亮的用户界面。

本章将学习为之前开发的 API 创建前端界面，内容将围绕 webpack 的安装和配置展开。webpack 是非常受欢迎的模块打包工具，用于生成用户界面需要的静态资源。本章内容将从以下几个方面展开。

## Node.js 核心

此前，我们使用了一些 Node.js 模块，包括运行时依赖和开发依赖。本章将讲解同伴依赖（peer dependency），它主要用于声明框架和框架插件的关系。

## 开发模式

框架插件模型在前端开发领域很流行，本章会介绍几个具体的例子。在 JavaScript 开发中，将代码从一种语言转译成另一种语言是很普遍的。本章会学习将 TypeScript 转译为 Javascript 代码，并使用 TypeScript 的类型检查。

## JavaScript 语言特性

之前，我们使用 async 函数编写同步风格的代码，使用 try/catch 代码块处理 Promise 的返回结果。本章将以同样的方式使用浏览器自带的、Promise 风格的

fetch()函数向服务器发送请求。同时还会使用 DOM 的 API 完成前端任务，如处理用户操作事件和导航。

**支持代码**

从零开始开发网页的工作量非常大，因此我们会借助一些现成的工具。我们将使用 Twitter 的 Bootstrap 框架实现美观的样式，使用受欢迎的 Handlebars 库渲染动态 HTML。

Node.js 可以通过多种方式实现一个功能，前端开发更是有过之而无不及。现成的前端框架很多，每个框架都有自己的优势。我将讲解如何在 Node.js API 的基础上构建前端界面。在编写前端代码时，我会尽量使用各个框架都通用的技术，这样你就有充分的自由选择合适自己的前端框架。

让我们从安装使用 webpack dev server 开始。

## 8.1 开始使用 webpack
Getting Started with webpack

回忆一下我们之前开发的 b4 应用，它可以用来创建、管理书单，它目前只包含 Restful API。

webpack 是一个前端打包工具，它可以将所有的前端代码和依赖代码一起打包放到目标文件里。

举个例子，假设你的项目有一个 `main.js` 文件，它依赖于其他两个库。webpack 会将这些资源文件打包成一个 JavaScript 文件，这样浏览器就不用请求三个独立的 JavaScript 文件。借助插件，webpack 也可以将 CSS、图片和其他资源打包。

首先要创建一个目录存放我们的前端项目代码。打开终端，创建 `b4-app` 目录

```
$ mkdir b4-app
$ cd b4-app
```

接下来在 `b4-app` 目录下执行 `npm init`，初始化 Node.js 项目。所有初始化选项保持默认即可，不过你可以根据自己的需要更新 `license` 属性。

```
$ npm init -y
Wrote to ./b4-app/package.json:

{
  "name": "b4-app",
  "version": "1.0.0",
  "description": "",
  "main": "index.js",
  "scripts": {
    "test": "echo \"Error: no test specified\" && exit 1"
  },
  "keywords": [],
  "author": "",
  "license": "ISC"
}
```

当然，开发网页和应用并不一定要打包，但打包有很多好处，比如可以将代码转译成标准 JavaScript 版本，再比如可以减少延迟。

在生产环境中，你会在部署应用之前完成所有的打包操作。但在开发阶段，按需进行打包要方便得多。

为此，我们会用到 webpack 的插件 webpack dev server。接下来会安装使用 webpack dev server，同时介绍 Node.js 的同伴依赖。

在 Node.js 中，当一个模块依赖另一个模块时，后者通常存放在 node_modules 的子目录下。但同伴依赖不一样，同伴依赖是指模块需要一个兄弟模块，两者处于同一目录层级。

在终端中打开 b4-app 目录，安装 webpack-dev-server 模块。

```
$ npm install --save-dev --save-exact webpack-dev-server@2.9.1
```

在输出内容的末尾，会看到缺少同伴依赖的警告：

```
npm WARN webpack-dev-server@2.9.1 requires a peer of webpack@^2.2.0 but none
    was installed.
npm WARN webpack-dev-middleware@1.12.0 requires a peer of webpack@1.0.0 ||
    ^2.0.0 || ^3.0.0 but none was installed.
```

我们先来运行试试。运行 webpack dev server 需要在 package.json 文件中添加一行 start 脚本。打开 package.json 文件，添加 start 脚本。

```
"scripts": {
  "start": "webpack-dev-server",
```

```
    "test": "echo \"Error: no test specified\" && exit 1"
},
```

现在通过 npm 启动 webpack dev server：

```
$ npm start
> b4-app@1.0.0 start ./b4-app
> webpack-dev-server
module.js:472
    throw err;
    ^

Error: Cannot find module 'webpack'
    at Function.Module._resolveFilename (module.js:470:15)
    at Function.Module._load (module.js:418:25)
    at Module.require (module.js:498:17)
    at require (internal/module.js:20:19)
    at Object.<anonymous> (./b4-app/node_modules/webpack-dev-server/lib/
        Server.js:15:17)
    at Module._compile (module.js:571:32)
    at Object.Module._extensions..js (module.js:580:10)
    at Module.load (module.js:488:32)
    at tryModuleLoad (module.js:447:12)
    at Function.Module._load (module.js:439:3)
```

由于未安装 webpack-dev-server 的同伴依赖 webpack，所以出现了运行时错误。

同伴依赖出现的原因是为了支持插件模型。与普通依赖不同，它依赖的是一个相对小的功能单元——插件会将功能添加到大的框架中。

从某种意义上说，webpack-dev-server 是 webpack 项目的插件。与其说 webpack-dev-server 依赖于 webpack，还不如说它是 webpack 的一个插件。

如果 npm 没有同伴依赖这种机制，那么你就需要一个依赖于框架的 webpack-dev-server，或者创造自己的插件体系。

在前端开发中常会使用插件，因此本章会频繁用到同伴依赖。

接下来安装 webpack 模块解决同伴依赖问题。

```
npm install --save-dev --save-exact webpack@3.6.0
```

想要使用 webpack，需要在 webpack.config.js 中进行配置。先创建一个基本的配置文件。在项目的根目录创建 webpack.config.js 文件，写入如下配置：

ux/b4-app/webpack.config.js
```
'use strict';
module.exports = {
  entry: './entry.js',
};
```

这个文件导出了一个最小的配置对象，它只包含 entry 属性。这个 entry 属性指定了根文件，其他依赖都会从这里开始被引入进来。如果没有配置入口文件，webpack 不会做任何事情。

先创建一个空 entry.js 文件，稍后我们会补充内容。

```
$ touch entry.js
```

重新运行 webpack dev server。

```
$ npm start

> b4-app@1.0.0 start ./b4-app
> webpack-dev-server

Project is running at http://localhost:8080/
webpack output is served from /
Hash: 02f07941014e01e17c1c
Version: webpack 3.6.0
Time: 695ms
      Asset     Size  Chunks                    Chunk Names
  bundle.js   314 kB       0  [emitted]  [big]  main
chunk    {0} bundle.js (main) 300 kB [entry] [rendered]
    [35] ./entry.js 0 bytes {0} [built]
    [36] (webpack)-dev-server/client?http://localhost:8080 5.68 kB {0} [built]
    [37] ./~/ansi-html/index.js 4.26 kB {0} [built]
    [38] ./~/ansi-regex/index.js 135 bytes {0} [built]
    [40] ./~/events/events.js 8.33 kB {0} [built]
    [41] ./~/html-entities/index.js 231 bytes {0} [built]
    [48] ./~/querystring-es3/index.js 127 bytes {0} [built]
    [51] ./~/sockjs-client/lib/entry.js 244 bytes {0} [built]
    [77] ./~/strip-ansi/index.js 161 bytes {0} [built]
    [79] ./~/url/url.js 23.3 kB {0} [built]
    [80] ./~/url/util.js 314 bytes {0} [built]
    [81] (webpack)-dev-server/client/overlay.js 3.73 kB {0} [built]
    [82] (webpack)-dev-server/client/socket.js 897 bytes {0} [built]
    [84] (webpack)/hot/emitter.js 77 bytes {0} [built]
    [85] multi (webpack)-dev-server/client?http://localhost:8080 ./entry.js
         40 bytes {0} [built]
      + 71 hidden modules
webpack: Compiled successfully.
```

webpack-dev-server 默认监听 8080 端口。在浏览器中访问 localhost:8080，你将看到如下界面（见图 8.1）。

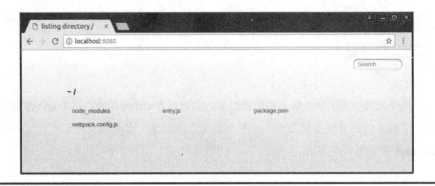

图 8.1 访问 localhost:8080

webpack.config.js 文件目前只包含入口配置，没有配置输出，所以 webpack 没有打包资源。接下来借助 HTML 生成插件创建一个简单的 Hello World 页面。

## 8.2 生成第一个 webpack Bundle
Generating Your First webpack Bundle

我们已经完成了前端项目的基本结构。本节将创建 index.html 并将 webpack 打包的 Javascript Bundle 引入 index.html。

首先，生成 HTML 需要引入 html-webpack-plugin 模块：

```
$ npm install --save-dev --save-exact html-webpack-plugin@2.30.1
```

打开 webpack.config.js 文件，添加以下内容：

ux/b4-app/webpack.config.js
```js
"use strict";
const path = require("path");
const distDir = path.resolve(__dirname, "dist");
const HtmlWebpackPlugin = require("html-webpack-plugin");

module.exports = {
  entry: "./entry.js",
  output: {
    filename: "bundle.js",
    path: distDir
  },
  devServer: {
    contentBase: distDir,
    port: 60800
  },
  plugins: [
```

```
    new HtmlWebpackPlugin({
      title: "Better Book Bundle Builder"
    })
  ]
};
```

在文件顶部，我们引入 Node.js 内置的 `path` 模块，并通过它得到 dist 文件夹的路径。`path.resolve(__dirname, "dist")`的作用与`_dirname + '/dist'`大致相同，但它会根据不同的操作系统使用相应的路径分隔符并返回绝对路径。在 webpack 的配置文件 `plugins` 部分使用了引入的 `HtmlWebpackPlugin` 类。

接下来在配置文件中添加 `output` 对象。它声明了打包后 Bundle 文件存储的路径和文件名。按照惯例，将生成的 Bundle 文件命名为 `bundle.js`。

注意，`webpack-dev-server` 不会在 `output` 声明的文件夹中生成文件。在请求 `bundle.js` 文件时，`webpack-dev-server` 会直接从内存中获取文件内容。运行 `webpack` 命令才会在文件夹中生成文件。

`devServer` 对象包含 `webpack-dev-server` 需要的配置参数。这里为开发服务器配置了相同的 `dist` 目录，并修改了默认的 TCP 端口号。

在文件末尾，我们在 `plugins` 中添加一些 webpack 插件。在插件的数组中，构造了一个 `HtmlWebpackPlugin` 实例并配置为 `title` 属性。这个属性会显示在生成的 HTML 文件的 `<title>` 标签内。

webpack 配置已就绪。接下来在 `entry.js` 文件中加入以下内容：

ux/b4-app/entry.js
```
'use strict';
document.body.innerHTML = `
    <h1>B4 - Book Bundler</h1>
    <p>${new Date()}</p>
`;
```

上述代码在页面中插入一个大标题和当前日期时间。保存文件，切换到终端，输入 npm start 启动 webpack dev server。如果服务器已经在运行，可以先用 Ctrl-C 终止它。

运行服务器后，在浏览器中打开 `localhost:60800`，将看到如图 8.2 所示的页面。

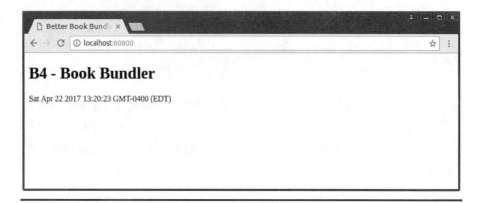

图 8.2　带有标题和日期时间的页面

接下来引入 Bootstrap，让页面变得更漂亮。

## 8.3　使用 Bootstrap 美化页面
### Sprucing Up Your UI with Bootstrap

Bootstrap 是 Twitter 推出的 UI 框架[1]，它可以简化设计 UI 和编写 CSS 的工作。

引入 Bootstrap 之前，需要引入一些插件依赖。在 Webpack 中使用 CSS，需要 `style-loader` 和 `css-loader` 插件。另外，为了加载 CSS 中引用的静态资源文件（如图片和字体），还需要引入 `url-loader` 以及它的同伴依赖 `file-loader`。

使用 npm 安装这些插件。

```
$ npm install --save-dev --save-exact \
  style-loader@0.19.0 \
  css-loader@0.28.7 \
  url-loader@0.6.2 \
  file-loader@1.1.5
```

还需要将这些插件添加到配置文件里，并声明它们处理的文件类型。打开 `webpack.config.js` 文件，在 `module` 对象中添加如下配置：

ux/b4-app/webpack.config.js
```
module: {
  rules: [
    {
      test: /\.css$/,
```

---

[1] http://getbootstrap.com/

```
    use: ["style-loader", "css-loader"]
   },
   {
    test: /\.(png|woff|woff2|eot|ttf|svg)$/,
    loader: "url-loader?limit=100000"
   }
  ]
}
```

第一个模块规则声明使用 css-loader 和 style-laoder 处理扩展名为 .css 的文件。css-loader 插件通过 webpack 的 require()工具链读取 CSS 文件并解析所有的@import 和 url()声明。解析依赖后，css-loader 不会对 CSS 内容做处理。这时将会用到 style-loader 插件，它将 CSS 内容放到<style>标签中，然后插入页面里。

这里要注意顺序！在处理模块时，use 中的插件是以从右到左的顺序执行的。如果交换插件的顺序，webpack 会在编译时抛出一个错误。如果你有兴趣，可以自己试一试。

第二个模块规则声明的各种文件类型需要通过 url-loader 进行处理。这个模块会将文件直接引入代码中。如果一个 css 规则使用了背景图片，图片将会被转换成 data URI[1]。

url-loader 的 limit 参数指定了能被转换为行内代码的最大文件大小，如果文件超过这个限制，则会使用 file-loader 将文件直接复制到目标目录中。limit 的取值一般会在加载许多小文件与加载少量的大文件之间进行权衡，并没有一个可以适用于所有情境的值。

保存 webpack.config.js。现在可以引入 Bootstrap 了，打开终端执行如下命令：

```
$ npm install --save-dev --save-exact bootstrap@3.3.7
```

最后在 entry.js 中使用 Bootstrap。打开 entry.js 文件，使用以下代码替换原来的内容：

ux/b4-app/entry.js
```
'use strict';
import './node_modules/bootstrap/dist/css/bootstrap.min.css';
```

---

[1] https://developer.mozilla.org/en-US/docs/Web/HTTP/Basics_of_HTTP/Data_URIs

```
document.body.innerHTML = `
  <div class="container">
    <h1>B4 - Book Bundler</h1>
    <div class="b4-alerts"></div>
    <div class="b4-main"></div>
  </div>
`;
```

在文件的顶部，我们使用 `import` 关键词引入压缩后的 Bootstrap CSS。`import` 关键词是 ECMAScript 2015 标准的一部分，目前 Node.js 还不支持这个关键词。但这里可以使用它，是因为负责解析依赖关系的是 webpack（不是 Node.js）。后面的章节都会使用 `import` 引入依赖。

你可以认为 `import` 这行代码等价于使用相同的参数调用 `require()`。webpack 在构建时遇到这个依赖，将会根据文件名匹配之前在 `webpack.config.js` 文件的 `module.rules` 中声明的规则。引入的文件以 `.css` 结尾，webpack 会调用 `css-loader` 插件处理 Bootstrap CSS 的内容。

引入 Bootstrap 后，创建页面的基本结构，并赋值给 `document.body.innerHTML`。在浏览器窗口过大的时候，最外层的 `<div>` 标签上的 `container` CSS 类名会限制它的宽度。在容器内部，创建一个显示警告的区域用于提示用户，主要内容区域中的内容将随着应用状态的变化而变化。以 `b4-` 为前缀的 CSS 类名是为这个项目定义的，其余的 CSS 类名则是 Bootstrap 提供的。

设置了 `document.body.innerHTML` 之后，将以下代码添加到文件末尾：

ux/b4-app/entry.js
```
const mainElement = document.body.querySelector('.b4-main');

mainElement.innerHTML = `
  <div class="jumbotron">
    <h1>Welcome!</h1>
    <p>B4 is an application for creating book bundles.</p>
  </div>
`;

const alertsElement = document.body.querySelector('.b4-alerts');

alertsElement.innerHTML = `
  <div class="alert alert-success alert-dismissible fade in" role="alert">
    <button class="close" data-dismiss="alert" aria-label="Close">
      <span aria-hidden="true">&times;</span>
    </button>
    <strong>Success!</strong> Bootstrap is working.
  </div>
`;
```

在这段代码中使用的是 querySelector() 函数，通过传入相应的 CSS 选择器获取主内容区 <div> 元素的引用。通过这个元素向页面插入一段欢迎信息，并使用 Bootstrap 的 jumbotron 类进行布局。

然后再次使用 querySelecor() 函数得到警告区域 <div> 元素并插入示例内容。所插入元素上的 CSS 类名以及各种属性在 Bootstrap 中都是有特殊意义的，这样后面可以通过 CSS 类名添加其他功能。总之，这些代码创建了一个可以点击消失的绿色警告框。至于如何定制警告框样式，请阅读 Bootstrap 的组件文档[1]。

让我们来看看效果。因为修改了 webpack.config.js 文件，所以你需要重启 webpack dev server。

在终端运行 npm start，启动成功后，在浏览器中打开 localhost:60800（如图 8.3 所示）。

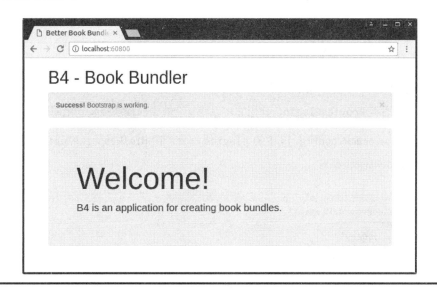

图 8.3　美化后的页面

棒极了，Bootstrap 按预期美化了页面。

如果你点击 X（警告框的关闭按钮），则会发现没有任何效果。这是因为我们只引入了 Bootstrap 的 CSS，还没有引入相应的 Bootstrap Javascript 完成交互功能。

---

[1] http://getbootstrap.com/components/#alerts

## 8.4 引入 Bootstrap Javascript 和 jQuery
Bringing in Bootstrap JavaScript and jQuery

虽然我们在项目中引入了 Bootstrap CSS 进行布局，但还没有引入 Bootstrap Javascript。本节将完成这项任务。

本章使用了很多 webpack 插件，它们提供的功能都依赖于 webpack。同样，Bootstrap Javascript 提供的功能依赖于 jQuery。JavaScript 开发经常会使用插件。

这意味着要让 Bootstrap 正常工作，必须引入 jQuery。打开终端，安装 jQuery：

```
$ npm install --save-dev --save-exact jquery@3.2.1
```

接下来配置 webpack，将 jQuery 引入项目。打开 webpack.config.js 文件，在文件顶部 `HtmlWebpackPlugin` 下面添加以下代码：

ux/b4-app/webpack.config.js
```js
const webpack = require('webpack');
```

这行代码引入 webpack 模块，同时它也是内置插件的命名空间。我们即将用到的一个插件是 `ProvidePlugin`，使用它可以将一个特定的模块挂载到全局对象上。

找到 webpack.config.js 中的 `plugins` 部分，在 `HtmlWebpackPlugin` 后面添加 `ProvidePlugin` 插件：

ux/b4-app/webpack.config.js
```js
new webpack.ProvidePlugin({
  $: 'jquery',
  jQuery: 'jquery'
}),
```

这个配置会把 jquery 模块以 jQuery 和 $ 两个全局变量的形式注入代码中。

接下来打开 entry.js 文件，在 Bootstrap CSS 下方添加以下代码：

ux/b4-app/entry.js
```js
import 'bootstrap';
```

这行代码告诉 webpack，entry.js 依赖 bootstrap 模块。与引入 CSS 模块一样，我们没有将返回值赋给任何一个局部变量，因为它不需要通过这种方式引入。在浏览器中加载 Bootstrap 之后，Bootstrap 会默认地将它提供的功能与各种页面元素联系起来。

输入 `npm start` 并运行 webpack dev server。运行成功后，在浏览器中重新打开 `localhost:60800`，这时关闭按钮可以正常使用了。接下来让我们开始在项目中添加自己的逻辑。

## 8.5 使用 TypeScript 进行转译
Transpiling with TypeScript

我们已经搭建好了应用的基础框架，并准备开始开发应用。由于浏览器在支持最新的 JavaScript 特性方面落后于 Node.js，因此我们需要将现代的 JavaScript 转换为浏览器可以理解的语言。

将源代码从一种语言转换成另一种语言叫转译。JavaScript 开发常需要这种转译，比如从其他语言转译到 Javascript，或者从 JavaScript 的一个版本转译到另一个版本。目前最受欢迎的两个转译器是 Babel 和 TypeScript。

Babel 可以将最新的 ECMAScript 特性转换成浏览器普遍可以识别的版本[1]。Babel 可以与 Flow 结合使用，Flow 是 Fackbook 开发的一款可以进行类型检查、类型推断的分析工具[2]。Flow 可以推断变量的类型，提醒开发者可能导致运行时问题的潜在代码错误。

TypeScript 是由微软公司开发的，它是一个包含类型的 JavaScript 语言超集[3]。TypeScript 工具链可以将代码转译成标准的 ECMAScript，也可以在源代码上进行类型检查、类型推断。像 Flow 一样，TypeScript 在多数情况下可以推断变量的类型，并且可以通过丰富的类型系统指定变量的类型。

Babel 和 TypeScript 都可以方便地集成到 webpack，也都可以将最新的 ECMAScript 代码转换成浏览器可以理解的版本。但我打算选用 TypeScript。

首先，TypeScript 自带类型推断和类型检查功能，而 Babel 必须配合 Flow 使用才能实现同样的功能。

---

[1] https://babeljs.io/
[2] https://flow.org/
[3] https://www.typescriptlang.org/

其次，TypeScript 有一个叫 DefinitelyTyped 的由社区贡献的仓库[1]，其中有大量类型可以使用，并且在持续增加。通过 npm 可以直接使用这些类型，这一系列的包以 @types/ 作为前缀。比如，Bootstrap 类型的 npm 包叫 @types/bootstrap。

我个人更喜欢 TypeScript。不过别担心，本章余下的代码同时兼容 TypeScript 和 Babel/Flow。

首先使用 npm 安装 TypeScript：

```
$ npm install --save-dev --save-exact typescript@2.5.3
```

还要给 webpack 安装 `ts-loader` 插件：

```
$ npm install --save-dev --save-exact ts-loader@2.3.7
```

为了将 TypeScript 转换为 JavaScript，需要为项目创建一个 `tsconfig.json` 配置文件，文件内容如下：

ux/b4-app/tsconfig.json
```
{
  "compilerOptions": {
    "outDir": "./dist/",
    "sourceMap": true,
    "module": "CommonJS",
    "target": "ES5",
    "lib": ["DOM", "ES2015.Promise", "ES5"],
    "allowJs": true,
    "alwaysStrict": true
  }
}
```

TypeScript 提供了许多编译选项，在 `tsconfig.json` 中配置这些选项可以对编译进行调整[2]。下面简述一些常用的参数。

- `outDir`——存放转换好的 .js 文件的目录。使用 `ts-loader` 和 webpack dev server 时，这些文件并不会真正生成到目录。

- `sourceMap`——指定是否为转换好的文件生成 source map，稍后会详细介绍。

---

[1] https://github.com/DefinitelyTyped/DefinitelyTyped
[2] https://www.typescriptlang.org/docs/handbook/compiler-options.html

- module——指定使用哪种模块系统处理依赖，CommonJS 是 Node.js 使用的模块系统，通过 require() 函数引入依赖的模块。
- target——指定转换后文件的 ECMAScript 的版本，ECMAScript 5 的浏览器兼容性最好。
- lib——指定 TypeScript 需要使用的内置类型。本书将使用 DOM 特性，并且假定用户的浏览器支持 Promise。
- allowJs——指定 TypeScript 是否对 .js 文件进行编译。
- alwaysStrict——指定是否在严格模式下解析代码并在生成的文件中使用 'use strict'；这个配置可以省去 .ts 文件顶部的 use strict 声明。

保存 tsconig.json 文件。打开 webpack.config.js 文件并更新 entry，设置入口文件为 ./app/index.ts。

ux/b4-app/webpack.config.js
```
entry: './app/index.ts',
```

除了将 .js 改成 .ts 文件，还使用了一个子目录存放前端代码文件，目录命名为 app，这是 webpack 的惯例。稍后会创建 app 文件夹和 index.ts 文件，不过让我们先来完成配置文件的更新。

在 webpack.config.js 文件中找到 module.rules 部分，在数组的最开始添加 ts-loader 插件，并关联 .ts 文件，如下所示：

ux/b4-app/webpack.config.js
```
module: {
  rules: [{
    test: /\.ts$/,
    loader: "ts-loader"
  }, {
    test: /\.css$/,
    use: ["style-loader", "css-loader"]
  }, {
    test: /\.(png|woff|woff2|eot|ttf|svg)$/,
    loader: "url-loader?limit=100000"
  }]
},
```

现在是时候创建 app 目录了：

```
$ mkdir app
```

让我们将 HTML 代码单独放到 templates.ts 文件中,而不是将所有代码集中写到一个文件里。打开编辑器并输入以下代码:

```
ux/b4-app/app/templates.ts
export const main = `
  <div class="container">
    <h1>B4 - Book Bundler</h1>
    <div class="b4-alerts"></div>
    <div class="b4-main"></div>
  </div>
`;
export const welcome = `
  <div class="jumbotron">
    <h1>Welcome!</h1>
    <p>B4 is an application for creating book bundles.</p>
  </div>
`;

export const alert = `
  <div class="alert alert-success alert-dismissible fade in" role="alert">
    <button class="close" data-dismiss="alert" aria-label="Close">
      <span aria-hidden="true">&times;</span>
    </button>
    <strong>Success!</strong> Bootstrap is working.
  </div>
`;
```

这些 HTML 字符串都是直接从之前的 entry.js 文件中复制过来的。我们使用了 ES6 的模块关键字 export,让这些模块可以被其他文件引入,而不是直接将它们赋值给 DOM 元素的 innerHTML。这里 export 与之前示例中的 module.exports 相似。

保存文件。再创建一个新文件,命名为 index.ts,输入以下代码:

```
ux/b4-app/app/index.ts
import '../node_modules/bootstrap/dist/css/bootstrap.min.css';
import 'bootstrap';
import * as templates from './templates.ts';

document.body.innerHTML = templates.main;

const mainElement = document.body.querySelector('.b4-main');
const alertsElement = document.body.querySelector('.b4-alerts');

mainElement.innerHTML = templates.welcome;
alertsElement.innerHTML = templates.alert;
```

和之前一样,我们在文件的开始引入了 bootstrap.css 和 bootstrap 模块。注意 bootstrap.css 的路径出现了细微的差别。我们的入口文件在子目录 app 下，所以 bootstrap 的路径以 `../node_modules` 开头，而不是 `./node_modules`。接下来引入 templates.ts 导出的所有成员，并赋值给局部变量 templates。后面会用它来填充 innerHTML 元素。

我们在 entry.js 中向 document.body 填充了主要的 HTML 结构。然后获取对 mainElement 和 alertsElement 的引用，分别用来渲染页面内容和通知。

最后用 templates.welcome 的 HTML 填充 mainElement 元素，用 templates.alert 的 HTML 填充 alertsElement 元素。效果和之前 entry.js 实现的效果相同，这说明 TypeScript 和 webpack 的配置是正确的。

保存文件后，重新启动 webpack dev server，打开 localhost:60800，确认页面与之前是否一致，关闭按钮是否能正常工作。如果是，那太棒了。

## 8.6 使用 Handlebars 处理 HTML 模板
Templating HTML with Handlebars

目前，b4 应用只能使用固定内容的静态 HTML。比如警告框每次都显示相同的 Success 内容。我们希望它能渲染动态 HTML，所以需要引入模板。

ECMAScript 现在已经支持模板字符串，通过它可以很容易地向字符串中插入变量，我们一直在使用这个特性。不幸的是，在使用用户提交的数据时，它不能避免跨站脚本攻击（XSS）。为了保护我们的应用不受 XSS 攻击，任何用户提供的数据都必须被合理编码。

例如，假设我们要显示用户的 bundle 名字，你可能会采用下面的方式实现：

```
// 不要这样写，容易被XSS攻击
export const bundleName = name => `<h2>${name}</h2>`;
```

上面的 bundleName() 函数有一个 name 的参数，返回一个包含这个名字的 `<h2>` 标签。这样做有什么问题呢？

这种模板很容易被利用并导致程序中断。假如 name 包含一个 `<img>` 标签，那么你的应用可能在无意中显示图片。更糟糕的是，如果标签上包含 onload 或者 onerror 属性，它就可以在页面上执行任意的 JavaScript 代码。

要完全避免这些攻击很难，好在你不必自己解决这些问题。新的框架和模板库会替你处理这些问题。

为了解决这个问题，我们将使用 HandleBars，一个小巧、稳定的模板库[1]。Handlebars 既可以作为客户端运行时库，也可以作为 Node.js 端构建时使用的模块。因为它很容易安装，所以这里将它用在客户端。如果想把 Handlerbars 集成到 webpack，则可以借助 `handlebars-loader` 插件实现[2]。

首先通过 npm 安装 Handlebars：

```
$ npm install --save-dev --save-exact handlebars@4.0.10
```

打开 app/templates.ts 文件。我们将导出编译过的 Handlebars 模板（而不是静态 HTML 字符串）。将文件更新为如下内容：

ux/b4-app/app/templates.ts
```
import * as Handlebars from '../node_modules/handlebars/dist/handlebars.js';

export const main = Handlebars.compile(`
  <div class="container">
    <h1>B4 - Book Bundler</h1>
    <div class="b4-alerts"></div>
    <div class="b4-main"></div>
  </div>
`);

export const welcome = Handlebars.compile(`
  <div class="jumbotron">
    <h1>Welcome!</h1>
    <p>B4 is an application for creating book bundles.</p>
  </div>
`);

export const alert = Handlebars.compile(`
  <div class="alert alert-{{type}} alert-dismissible fade in" role="alert">
    <button class="close" data-dismiss="alert" aria-label="Close">
      <span aria-hidden="true">&times;</span>
    </button>
    {{message}}
  </div>
`);
```

每导出一个常量，HTML 字符串都经过 `Handlebars.compile()` 函数处理。它返回一个函数，其参数是一个对象（变量名和值的映射），其返回值是替换变量后

---

[1] http://handlebarsjs.com/
[2] https://www.npmjs.com/package/handlebars-loader

的字符串。

前两个模板与之前的一样。main()和welcome()都不需要参数，返回静态字符串。使用 Handlebars.compile() 并没有什么区别，但为了保持一致，templates.ts 的所有导出成员都会编译成模板函数。

第三个模板 alert 有一个对象参数，参数包含两个成员 type 和 message。type 的值用来补全 alert- CSS 类名，这个类用于设置警告框的颜色。有四个可选值，success（绿色）、info（蓝色）、warning（黄色）、danger（红色）。message 的值会插入警告框中。

保存文件，打开 app/index.ts。我们要把 templates 成员的使用方式更新为函数调用的形式（而不是作为字符串使用）。以下是更新后的文件内容：

```
ux/b4-app/app/index.ts
import "../node_modules/bootstrap/dist/css/bootstrap.min.css";
import "bootstrap";
import * as templates from "./templates.ts";

// Page setup.
document.body.innerHTML = templates.main();
const mainElement = document.body.querySelector(".b4-main");
const alertsElement = document.body.querySelector(".b4-alerts");

mainElement.innerHTML = templates.welcome();
alertsElement.innerHTML = templates.alert({
  type: "info",
  message: "Handlebars is working!"
});
```

现在 templates.main()和 templates.welcome()将被当做函数进行调用。注意调用 templates.alert()时传入了一个对象参数，对象包含 type 和 message 两个成员。

保存文件，webpack dev server 会监测到文件的变化并更新 localhost:60800 页面的内容。现在页面看起来应该如图 8.4 所示。

目前所做的工作似乎只实现了一个简单的页面，请放心，这些工作将为后续功能的实现奠定良好的基础。

接下来，我们要实现一个基于 URL hash 的简单路由，用于应用的页面跳转。

图 8.4　更新后的页面

## 8.7　实现 hash 路由
Implementing hashChange Navigation

我们开发的 b4 应用是一个单页应用。应用程序的行为由用户交互驱动，数据由 RESTful JSON API 提供。

用户访问单页应用时，只需要请求首页以及其依赖的内容（JavaScript、CSS、图片等），而不需要向服务器请求其他 URL 页面。这里引出了一个问题，当用户浏览时，如何跟踪和实现应用的变化？

为此，我们将使用 URL hash，也就是 URL #号后面的部分。用户访问的每一个页面称之为 view。欢迎页面的形式是#welcome，在没有 hash 或者 hash 无效时它将作为默认的页面。其他页面匹配相应的 hash。

首先打开 app/index.ts，删除使用 querySelector 设置 mainElement、alertsElement 变量部分之后的所有内容，然后添加 showView 方法：

ux/b4-app/app/index.ts
```
/**
 * Use Window location hash to show the specified view.
 */
const showView = async () => {
  const [view, ...params] = window.location.hash.split("/");

  switch (view) {
```

```
    case "#welcome":
      mainElement.innerHTML = templates.welcome();
      break;
    default:
      // Unrecognized view.
      throw Error(`Unrecognized view: ${view}`);
  }
};
```

这个 async 函数首先获取 window.location.hash 字符串，通过斜线（/）将字符串拆解。这样后面就可以使用带参数的视图，比如#/view-bundle/BUNDLE_ID。

接下来根据 hash 的开始部分做出合理的响应。如果 hash 是#welcome，就把 welcome 模板的 HTML 赋值给 mainElement。如果 hash 无法识别，就抛出异常。

现在代码中并没有调用 showView，但是我们想要在 URL hash 改变时调用它。要达到这个效果，请在文件中添加以下代码：

ux/b4-app/app/index.ts
```
window.addEventListener('hashchange', showView);
```

无论何时，只要 URL hash 发生变化，window 就会发送一个 hashchange 事件。此时，我们期望 showView 被调用。

不幸的是，第一次打开页面时不会触发 hashchange 事件，所以需要明确调用 showView()让路由按照预期工作。添加一行代码：

ux/b4-app/app/index.ts
```
showView().catc(err => window.location.hash = '#welcome');
```

我们直接调用了 showView()，它是一个异步函数，调用的返回值是一个 Promsie。如果视图的 hash 无法识别，则 Prmoise 的状态为 reject，这时我们将 hash 设置为#welcome，触发 hashchange 并载入欢迎页面。

现在 app/index.ts 文件看起来应该是这个样子：

ux/b4-app/app/index.ts
```
import "../node_modules/bootstrap/dist/css/bootstrap.min.css";
import "bootstrap";
import * as templates from "./templates.ts";

// Page setup.
document.body.innerHTML = templates.main();
```

```
const mainElement = document.body.querySelector(".b4-main");
const alertsElement = document.body.querySelector(".b4-alerts");
/**
 * Use Window Location hash to show the specified view.
 */
const showView = async () => {
  const [view, ...params] = window.location.hash.split("/");

  switch (view) {
    case "#welcome":
      mainElement.innerHTML = templates.welcome();
      break;
    default:
      // Unrecognized view.
      throw Error(`Unrecognized view: ${view}`);
  }
};

window.addEventListener("hashchange", showView);

showView().catch(err => (window.location.hash = "#welcome"));
```

保存文件，webpack dev server 会检测到更新。访问 `localhost:60800` 会看到与之前一样的欢迎页面，但是没有警告框。

所有准备工作已经就绪，让我们从前几章开发的 web 服务中获取数据，并渲染到视图中。

## 8.8 在页面中展示对象数据
### Listing Objects in a View

借助 wepack dev server，我们可以方便查看渲染的静态页面。那如何访问前几章实现的 web 服务呢？

理想情况下，我们只需要启动一个 Node.js 服务器，它同时负责渲染前端静态页面和处理 API 请求。第 9 章将把两者结合起来，但现在还是分开来实现。

webpack dev server 又可以派上用场了。通过在 `webpack.config.js` 中配置代理，可以让 webpack dev server 访问 API 服务并转发返回结果。

### 8.8.1 配置 webpack-dev-server 代理
#### Configuring a webpack-dev-server Proxy

浏览器对页面能否访问服务有着严格的限制。代理可以将请求转移到另一个服务。在开发过程中（系统没有完全搭建好），通过配置 webpack-dev-server 代理提供服务是很常见的方式。

要配置代理，首先打开 webpack.config.js 文件，在 module.exports 的 devServer 底部添加一个 proxy 对象，如下所示：

ux/b4-app/webpack.config.js
```
devServer: {
  contentBase: distDir,
  port: 60800,
  proxy: {
    "/api": "http://localhost:60702",
    "/es": {
      target: "http://localhost:9200",
      pathRewrite: { "^/es": "" }
    }
  }
}
```

这个配置表示对 /api 的请求会被发送到 localhost:60702 的服务上，这就是我们在第 7.3 节开发的服务。

我们还通过 /es 配置暴露了 Elasticsearch 服务。由于还没有为指定的用户开发相应的 API，所以需要绕过 API 层直接将请求转到 Elasticsearch 去获取数据。这是临时的做法。第 9 章将加固我们的服务，并且会添加用户 API 权限校验。

Elasticsearch 的 API 以根路径为起始，所以需要去掉前置的 /es，pathRewrite 用于完成这项任务。你也可以使用同样的技巧将请求代理到其他服务上，不过要小心，没有约束的代理服务器会暴露服务，很可能导致系统出现漏洞。

保存配置文件，重启 webpack dev server 使配置生效。同时确保第 7 章开发的 Express 服务和本地 Elasticsearch 集群都在运行。现在可以通过代理获取用户数据并填充到页面里。

## 8.8.2 实现视图
Implementing a View

为了在页面上展示用户的 bundle，需要做几件事情。首先要从服务器异步地获取 bundle。接着要编写一个函数，通过编译过的 Handlebars 模板生成可展示的 HTML 去渲染列表。最后，要在 showView() 函数中添加路由将它们整合起来。

先从获取 bundle 开始。打开 app/index.ts，在 import 和页面设置部分的后面插入 getBundles()函数。

ux/b4-app/app/index.ts
```
const getBundles = async () => {
  const esRes = await fetch("/es/b4/bundle/_search?size=1000");

  const esResBody = await esRes.json();

  return esResBody.hits.hits.map(hit => ({
    id: hit._id,
    name: hit._source.name
  }));
};
```

这个方法首先通过全局的 fetch()方法向 Elasticsearch 发送一个异步请求[1]。该函数根据提供的设置发送 HTTP 请求，并返回 Promise 对象。我们传入了一个 Elasticsearch 查询 URL，期望从 b4 索引中获取最多 1000 个 bundle 文档。

fetch()是比较新的函数，目的是取代 XMLHttpRequest()。它已经得到了广泛的支持（除了 Safari 和 Internet Explorer）。如果需要兼容这些浏览器，可以引入 whatwg-fetch 包，它是 fetch 的 polyfill 实现版本[2]。

fetch()与之前使用的 request-promise 相似，它返回的也是 Promise 对象。区别在于 fetch()的响应体已经被处理过。使用 fetch() API，如果想以 JSON 的方式对响应体解码，则需要在返回的对象上调用 json()方法，这个函数也是异步的，它返回一个 Promise 对象。所以这里使用 await 处理返回结果。

JSON 响应体解码后，我们得到 Elasticsearch 的返回结果 hits.hits，它是一个对象数组，每个对象包含一个自动生成的 id，以及 bundle 的 name。getBundles()是一个异步函数，如果发生错误，则它会返回一个异常结果的 Promise。这里不处理这些潜在错误。我们会在函数调用的地方处理错误，并弹出警告。

接下来在 app/index.ts 中添加 listBundles()函数，它借助 Handlebars 模板渲染 bundle 的列表。在 getBundles()函数后面添加以下代码：

ux/b4-app/app/index.ts
```
const listBundles = bundles => {
```

---

[1] https://developer.mozilla.org/en-US/docs/Web/API/WindowOrWorkerGlobalScope/fetch
[2] https://www.npmjs.com/package/whatwg-fetch

```
mainElement.innerHTML = templates.listBundles({bundles});
};
```

目前，`listBundles()`函数只是使用未实现的 Handlebars 模板渲染 bundle。稍后我们会添加更多功能，现在它已经够用了。

在实现 Handlebars 模板之前，我们还需要先对 app/index.ts 做一些修改。找到 `showView()`函数，为`#list-bundles`路由添加一个处理程序。将以下代码插入 `switch` 中：

ux/b4-app/app/index.ts
```
case '#list-bundles':
  const bundles = await getBundles();
  listBundles(bundles);
  break;
```

保存文件。打开 app/templates.ts 文件，添加以下代码，实现 `listBundles()`模板。

ux/b4-app/app/templates.ts
```
export const listBundles = Handlebars.compile(`
  <div class="panel panel-default">
    <div class="panel-heading">Your Bundles</div>
    {{#if bundles.length}}
      <table class="table">
        <tr>
          <th>Bundle Name</th>
          <th>Actions</th>
        </tr>
        {{#each bundles}}
        <tr>
          <td>
            <a href="#view-bundle/{{id}}">{{name}}</a>
          </td>
          <td>
            <button class="btn delete" data-bundle-id="{{id}}">Delete</button>
          </td>
        </tr>
        {{/each}}
      </table>
    {{else}}
      <div class="panel-body">
        <p>None yet!</p>
      </div>
    {{/if}}
  </div>
`);
```

这个模板使用传入的 bundle 数组渲染一个包含两列表格的面板。表格左边的一列是 bundle 的名字，右边的一列有一个删除按钮。现在 bundle 名字的链接和删除按钮都没有实际功能，稍后我们会添加。

这个模板使用了 Handlebars 的特性。`{{#if}}{{else}}{{/if}}`表达式的功能应该和你猜想的一样。如果`{{#if}}`条件为 true，那么 Handlebars 渲染第一部分；否则就渲染`{{else}}`部分。如果没有 bundle 存在，则会看到一个消息，而不是表格。

`{{#each}}`表达式会迭代一个数组或对象。这里我们为每个 bundle 创建了一个新的 `tr` 标签，并使用两个 `td` 单元填充它。在`{{#each}}`内部，上下文是当前元素，所以可以使用`{{id}}`和`{{name}}`分别获取当前 bundle 的 ID 和名字。

注意 bundle 的名字链接到`#view-bundle/{{id}}`。一旦在 `showView()`函数的 switch 中添加`#view-bundle`，点击这些链接就会跳转到新页面展示 bundle 信息。

留意删除按钮上的`data-bundle-id`属性。这个属性不是 Bootstrap 必需的，设置这个属性的目的是让我们在点击按钮的时候可以确认哪个 bundle 将要被删除。

保存`app/templates.ts`文件。在`#list-bundles`页面应该可以看到所有内容。启动 webpack dev server，打开 `localhost:60800/#list-bundles` 会看到如图 8.5 所示的界面。

图 8.5　显示对象的页面

如果你还没有创建任何 bundle，则会看到 Not yet!信息，而不是表格。可以使用 `curl` 和 `jq` 命令，借助第 7.7 节的 API 创建一个 bundle：

```
$ curl -s -X POST localhost:60702/api/bundle?name=light%20reading | jq '.'
{
  "_index": "b4",
  "_type": "bundle",
  "_id": "AVuFkyXcpWVRyMBC8pgr",
  "_version": 1,
```

```
  "result": "created",
  "_shards": {
    "total": 2,
    "successful": 1,
    "failed": 0
  },
  "created": true
}
```

目前看起来非常不错，但是如何添加一个新的 bundle 呢？接下来要添加一个表单。

## 8.9 使用表单保存数据
Saving Data with a Form

我们的应用现在可以展示已存在的 bundle 了，但是如何添加一个新的呢？可以使用 `<form>` 标签。借助表单，我们可以获取用户输入，并通过代理调用后端 API 处理它。表单是静态的 HTML，我们将它放在 app/templates.ts 文件中。打开 app/templates.ts 文件，添加如下模板。

ux/b4-app/app/templates.ts
```
export const addBundleForm = Handlebars.compile(`
  <div class="panel panel-default">
    <div class="panel-heading">Create a new bundle.</div>
    <div class="panel-body">
      <form>
        <div class="input-group">
          <input class="form-control" placeholder="Bundle Name" />
          <span class="input-group-btn">
            <button class="btn btn-primary" type="submit">Create</button>
          </span>
        </div>
      </form>
    </div>
  </div>
`);
```

与 listBundles 模板一样，addBundleForm 模板创建了一个 Bootstrap 面板来存放内容。我们在面板中创建了一个 `<form>` 标签，其中的 `<input>` 标签可以输入一个新的 bundle 的名字，`<button>` 标签可以用来提交表单。

接下来，打开 app/index.ts 文件，找到 listBundles() 函数，在其中添加表单，处理表单提交。

ux/b4-app/app/index.ts
```ts
const listBundles = bundles => {
  mainElement.innerHTML =
    templates.addBundleForm() + templates.listBundles({bundles});

  const form = mainElement.querySelector('form');
  form.addEventListener('submit', event => {
    event.preventDefault();
    const name = form.querySelector('input').value;
    addBundle(name);
  });
};
```

函数首先设置了 mainElement 的 HTML，包含表单和 bundle 列表。之后，获取<form>元素的引用并捕获提交事件。

表单提交时，浏览器的默认行为是离开当前页面，同时将表单数据提交到服务端。在提交事件的处理函数中，首先要做的是调用 event.preventDefault()阻止默认行为。之后从表单<input>标签获取 bundle 的名字，调用还未实现的 addBundle()函数。

实现这个功能，需要引入 addBundle()函数，该函数将获取 bundle 的名字，异步完成添加，然后更新列表。无论这个操作是成功还是失败，都要通知用户，因此还要添加一个函数，以便发出警告信息：

ux/b4-app/app/index.ts
```ts
/**
 * Show an alert to the user.
 */
const showAlert = (message, type = 'danger') => {
  const html = templates.alert({type, message});
  alertsElement.insertAdjacentHTML('beforeend', html);
};
```

这个简单的帮助函数使用了 Handlebars 模板的 alert()函数，用于生成一个漂亮的警告框。我们使用 insertAdjacentHTML()函数将生成的 HTML 插入到 alertsElement 元素的末尾。

最后，在 app/index.ts 文件中添加 add addBundle()函数。

ux/b4-app/app/index.ts
```ts
/**
 * Create a new bundle with the given name, then list bundles.
 */
```

```
const addBundle = async (name) => {
  try {
    // Grab the list of bundles already created.
    const bundles = await getBundles();

    // Add the new bundle.
    const url = `/api/bundle?name=${encodeURIComponent(name)}`;
    const res = await fetch(url, {method: 'POST'});
    const resBody = await res.json();

    // Merge the new bundle into the original results and show them.
    bundles.push({id: resBody._id, name});
    listBundles(bundles);

    showAlert(`Bundle "${name}" created!`, 'success');
  } catch (err) {
    showAlert(err);
  }
};
```

这段代码与之前写的异步函数类似，它使用 `try/catch` 处理同步异常和被拒绝的 Promise。

首先，等待异步函数 `getBundles()` 返回的 bundle 更新列表。我们必须得到一个更新的列表，因为首次页面渲染后列表很可能发生了变化（比如用户在另一个标签中进行了操作）。

接下来使用 `fetch()` 发送 HTTP POST 请求创建一个用户指定名称的 bundle。一旦请求返回，就提取 JSON 响应，获取 Elasticsearch 为这个 bundle 生成的 ID。

然后，将这个 bundle 添加到 bundles 数组，再调用 `listBundles()` 重新渲染表格。最后，使用 `showAlert()` 函数通知用户操作成功。如果出现错误，在底部的 catch 中使用 `showAlert()` 指明问题。

你可能想知道为什么不在添加 bundle 之后请求完整的 bundle 列表进行显示。这是为了保证最终一致性（eventual consistency）。与其他数据库一样，Elasticsearch 也存在数据更改与结果显示的延迟问题。假设使用以下方式实现 `addBundle()`：

```
// BAD IMPLEMENTATION! Subject to stale data due to eventual consistency.
const addBundle = async (name) => {
  try {
    // Add the new bundle.
    const url = `/api/bundle?name=${encodeURIComponent(name)}`;
    const res = await fetch(url, {method: 'POST'});
    const resBody = await res.json();

    // Grab the list of all bundles, expecting the new one to be in the list.
    // Due to eventual consistency, the new bundle may be missing!
    const bundles = await getBundles();
    listBundles(bundles);
```

```
      showAlert(`Bundle "${name}" created!`, 'success');
  } catch (err) {
      showAlert(err);
  }
};
```

这种实现方式很糟糕，我们先请求新的 bundle，然后立即调用 getBundles()，期望它包含所有 bundle。现在，请求的顺序本身不是问题。因为每个步骤都使用了 await，所以前一个 fetch() 请求完成后下一个才会开始。

但是，完成 POST 和请求 bundle 之间的时间很短，经验告诉我，getBundles() 请求的结果很可能不包含刚刚添加的 bundle。

这种问题不是 Elasticsearch 独有的。为了处理大规模的请求，许多系统通过网络分配负载。SQL 服务器也不例外。常见的做法是使用一个中心服务器接收写入请求，然后将数据复制到其他只读服务器以满足查询。虽然中央写入和复制之间的延迟很小，但是仍然可能出现读取到的不是最新数据的情况。

因此，你需要在应用中做相应的处理，以维持最终一致性。

将这些更改保存到 app/index.ts，再访问 #list-bundles，应该可以看到如图 8.6 所示的页面。试着添加一个新 bundle，它会出现在列表中，同时显示成功的消息。

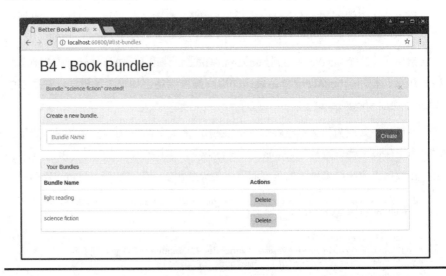

图 8.6　增加表单的页面

我们的应用程序已经具备了初步的雏形。让我们快速回顾一下本章内容。

## 8.10 小结与练习
### Wrapping Up

本章学习了使用 WebPack 配置 Node.js 前端项目,以及借助 Bootstrap 框架来实现样式。

我们还安装了 TypeScript 对代码做类型检查和转换,这样就不必编写兼容低版本浏览器的通用 JS 代码。

为了处理同步和异步代码流,我们使用了异步函数与 Promise-generating 方法的组合。本章还学习了使用 `fetch()` 方法发送异步 HTTP 请求。

本章展示了用原生 JS 模板字符串生成 HTML 导致的漏洞,并讲解了通过使用 Handlebars 这样的模板库如何避开这些漏洞。

第 9 章将把所有东西整合起来。我们将开发一个完整的集成应用程序,而不再通过 webpack dev server 代理 Node.js 的 API。

本章的练习需要在现有的 `b4-app` 项目上开展。如果你遇到困难,请查看随书下载的 `b4-final` 应用。

### 8.10.1 提取文本
#### Extracting Text

本章的 b4 项目将 Bootstrap 提供的 CSS 放在 `index.html` 文件顶部的 `<style>` 中。实际项目通常不会这样做,应该将 CSS 放入一个单独的文件中,该文件使用 `<link>` 标记加载。

名为 `ExtractTextPlugin` 的 webpack 插件可以完成这件事。它在 npm 中的包名为 `extract-text-webpack-plugin`。你要将它引入项目(版本 3.0.1)。

使用 npm 安装软件包后,对 `webpack.config.js` 做以下更改:

- 在文件顶部调用 `require()`,引入插件。
- 使用 `ExtractTextPlugin.extract()` 替换 CSS 入口的 `module.rules` 字段。
- 将 `ExtractTextPlugin` 类的新实例插入插件组中。

`ExtractTextPlugin()` 构造函数和对静态方法 `ExtractTextPlugin.extract()`

的调用都需要特定的参数,请参考项目 README.md 文件[1]。

## 8.10.2 删除 bundle
Deleting Bundles

b4 应用程序还缺少一个删除 bundle 的功能。本练习要求借助 app/index.ts 中的 listBundles() 在表格中生成删除按钮。

找到 listBundles() 函数,添加如下代码:

ux/b4-app/app/index.ts
```
const deleteButtons = mainElement.querySelectorAll('button.delete');
for (let i = 0; i < deleteButtons.length; i++) {
  const deleteButton = deleteButtons[i];
  deleteButton.addEventListener('click', event => {
    deleteBundle(deleteButton.getAttribute('data-bundle-id')); });
}
```

这段代码从表格中选择删除按钮并为每个按钮设置处理函数。点击处理程序提取 data-bundle-id 属性值,传递给名为 deleteBundle() 的函数。你的任务是实现这个异步功能。以下是基础的代码结构:

ux/b4-app/app/index.ts
```
/**
 * Delete the bundle with the specified ID, then list bundles.
 */
const deleteBundle = async (bundleId) => {
  try {
    // Delete the bundle, then render the updated list with listBundles().

    showAlert(`Bundle deleted!`, 'success');
  } catch (err) {
    showAlert(err);
  }
};
```

在 try 代码块内,你要实现以下步骤。

- 使用 getBundles() 检索当前的绑定列表。

- 在列表中找到选定 bundleId 的索引(如果没有匹配 bundle,则抛出一个异常)。

---
[1] https://github.com/webpack-contrib/extract-text-webpack-plugin/blob/v3.0.1/README.md

- 使用 fetch() 发出 HTTP DELETE 请求，并指定 bundleId。
- 根据传入的索引调用 splice() 从列表中删除该包。
- 使用 listBundles() 呈现更新的列表，使用 showAlert() 显示成功消息。

如果任何一步出现错误，则在 catch 块中展示警告框。祝你好运！

# 第 9 章

## 强化你的应用
## Fortifying Your Application

我们已经学习了使用 Express 编写 API，以及使用 TypeScript、webpack 进行前端开发。本章把这些技巧组合起来创建一个全栈的 JavaScript 应用。

这将是开发 b4 应用的最后阶段。回忆一下，b4 是一个创建、管理书单的 Node.js 应用。它依赖 Elasticsearch 存储有关书籍和书单的信息。第 5 章和第 6 章讨论了如何操作这些数据，为创建上层 API 做好了准备。

第 7 章和第 8 章学习了创建 RESTful API 和与之通信的 UI，但它们都是作为独立的程序运行的。本章将把它们与认证、会话管理结合起来。用户将能够使用 Facebook、Twitter、Google 账户登录，然后查看和创建书单。

本章学习结束以后，你将掌握创建并组合 Node.js web 应用的能力。

本章内容很多，即便如此，也无法涵盖部署 Node.js 应用的所有知识。技术更新非常快，但是你会具备足够的能力解决剩下的问题。

本章内容涉及 Node.js 开发的以下几个方面。

### Node.js 核心

本章将使用 url 模块中的 URL 类来创建应用指定的 URL。使用 NODE_ENV 环境变量选择应用是在生产模式还是在开发模式下运行。使用内置的 path 模块操作特定系统的文件路径。

### 开发模式

本章会同时涉及新旧开发模式。学习编写 Express 中间件，并将中间件、路由封装到 Express Router 对象中。使用 Passport 模块进行用户身份验证，通过 express-session 模块将用户信息存储到 session 中。

### JavaScript 语言特性

本章将练习编写异步函数，以统一的风格处理同步代码和异步代码流程。使用 fetch() 函数发起认证请求。

### 支持代码

构建这种应用需要大量的支持代码。本章将学习创建和使用 localhost 别名。安装并使用 Social Bootstrap 和 Font Awesome 提供的 UI 组件。使用 Redis 存储生产模式下的用户会话信息。

首先，我们将快速完成项目的初始化，并在本地运行。然后在初始项目的基础上进行开发。

## 9.1 设置初始项目
### Setting Up the Initial Project

本章将使用随书下载的代码。在 fortify 目录中，有以下三个子目录。

- b4-initial：将此目录复制到本地的 b4 项目目录中。
- b4：这是本章结束后的项目代码，请不要偷看！
- b4-final：这是最终的 b4 项目代码。

b4-initial 项目结合使用了 Express 框架和前两章讲到的 webpack 编译。这是该目录的文件列表：

```
$ tree -F —dirsfirst b4-initial/
b4-initial/
├── app/
│   ├── index.ts
│   └── templates.ts
├── development.config.json
├── package.json
├── server.js
├── tsconfig.json
```

```
└── webpack.config.js

1 directory, 7 files
```

就像第 8 章一样，目录 app 包含 index.ts 和 templates.ts 文件。这些文件与之前的项目文件有细微的差别，稍后我会讲到这些差别的意义。

tsconfig.json 文件与第 8 章的版本相同，webpack.config.js 与第 8 章的版本非常相似，只不过它是使用 Node.js 的 path 模块对操作系统的文件路径进行操作。

development.config.json 文件包含项目开发模式运行的配置信息，其中包含 Elasticsearch 连接设置和服务地址（serviceURL）字符串，稍后会讨论。

文件 package.json 描述了整个项目，server.js 将它们组织在一起。下面详细讲解 server.js 文件。

请将 b4-initial 复制到你自己的 b4 目录。打开终端进入新的 b4 目录。

首先要运行 npm install 安装所有的依赖：

```
$ npm install
```

然后使用 npm start 启动服务器：

```
$ npm start
```

在部署到生产环境之前，你都可以使用这种方式运行项目。更改代码后，nodemon 将收集修改的代码，重新编译 webpack 资源并重启服务器。

接下来讲解 server.js，它是本章的重点。

### 9.1.1 查看 server.js 文件
Reviewing the server.js File

server.js 文件负责将项目组织在一起。它会引入所有模块，配置 Express 和相关中间件。让我们看看它的内容：

```
Line 1  'use strict';
     -  const pkg = require('./package.json');
     -  const {URL} = require('url');
     -  const path = require('path');
     5
     -  // nconf configuration.
     -  const nconf = require('nconf');
```

```
   - nconf
     .argv()
10   .env('__')
     .defaults({'NODE_ENV': 'development'});

   const NODE_ENV = nconf.get('NODE_ENV');
   const isDev = NODE_ENV === 'development';
15 nconf
     .defaults({'conf': path.join(__dirname, `${NODE_ENV}.config.json`)})
     .file(nconf.get('conf'));

   const serviceUrl = new URL(nconf.get('serviceUrl'));
20 const servicePort =
     serviceUrl.port || (serviceUrl.protocol === 'https:' ? 443 : 80);

   // Express and middleware.
   const express = require('express');
25 const morgan = require('morgan');

   const app = express();

   app.use(morgan('dev'));
30
   app.get('/api/version', (req, res) => res.status(200).json(pkg.version));

   //
   if (isDev) {
35   const webpack = require('webpack');
     const webpackMiddleware = require('webpack-dev-middleware');
     const webpackConfig = require('./webpack.config.js');
     app.use(webpackMiddleware(webpack(webpackConfig), {
       publicPath: '/',
40     stats: {colors: true},
     }));
   } else {
     app.use(express.static('dist'));
   }
45
   app.listen(servicePort, () => console.log('Ready.'));
```

> **使用 HTTPS 提供服务**
>
> 有时，你需要对外发布基于 Node.js 的 Express 服务，谨慎的做法是通过 HTTPS 提供内容和 API。
>
> 为此，你需要证书文件和一些额外的代码，这些代码使用 Node.js 内置 https 模块。以下是一个示例：
>
> ```
> const fs = require('fs');
> const https = require('https');
> const httpsOptions = {
>   key: fs.readFileSync('path/to/private.key'),
>   cert: fs.readFileSync('path/to/certificate.pem'),
> };
> ```

```
https.createServer(httpsOptions, app)
  .listen(() => console.log('Secure Server Ready.'));
```

有几种不同的方式配置 httpsOptions 对象，这取决于你拥有哪种证书文件（.pem、.pfx 等）。

这里不介绍如何获取密钥和证书。Node.js 有关 tls.createSecureContext() 的文档详细描述了获取方法。请注意，最好从 nconf 中读取文件路径，而不是像本例中那样对它们进行硬编码。祝你好运！

其中大部分内容大家都很熟悉，就不一一解释了，只是有几个关键点要注意。

首先找到第 13 行的 NODE_ENV。该环境变量表示 Node.js 程序是在生产模式下运行还是在开发模式下运行。我们从 nconf 中获取这个变量，默认设置为开发模式。

接下来，找到第 19 行，其中 serviceUrl 常量是 Node.js 内置 url 模块中 URL 类的一个实例[1]，它遵守 URL 接口 web 标准[2]。我们将使用 URL 实例来构造相对于主服务地址的相对路径。

最后，找到第 36 行，其中的 webpack-dev-middleware 模块通过 Express 直接从内存中提供 webpack 资源[3]。在开发模式下，采用这种方式，但在生产模式下，我们希望从 dist 目录提供静态文件。这个目录目前还不存在，一旦运行 npm run build 调用 package.json 中配置的命令，就会执行 webpack 编译，dist 目录就生成了。

接下来，要设置 localhost 别名。

## 9.1.2　设置 Localhost 别名
Configuring a localhost Alias

在本地开发时，通常将 IP 地址 127.0.0.1 作为 localhost，本书也一样。

糟糕的是，稍后使用 OAuth 认证时，localhost 存在问题。需要说明的是，OAuth 并不禁止使用 localhost，出现问题的原因是三个平台的认证模块互不兼容。

Facebook 的应用程序配置页面允许使用 localhost 作为网站 URL，但禁止 127.0.0.1。Twitter 允许使用 127.0.0.1，但不允许使用 localhost。Google 两者都允

---

[1] https://nodejs.org/api/url.html
[2] https://developer.mozilla.org/en-US/docs/Web/API/URL
[3] https://www.npmjs.com/package/webpack-dev-middleware

许，如果不使用 localhost 或 127.0.0.1，则需主机名以合法的顶级域名（TLD）结尾。

我们需要一个三家公司都认可的主机名，然后将域名指向 127.0.0.1 来进行本地开发。为此，我选择了 b4.example.com。后缀.com 符合 Google 的 TLD 要求，example.com 二级域名由 IANA 保留用于说明目的，因此不会造成意外冲突。

要将 b4.example.com 指向 127.0.0.1，需要在操作系统的 hosts 文件中添加一行代码。在 Mac OS X 和 Linux 系统上，该文件在/etc/hosts 下面。在 Windows 系统上，它位于\WINDOWS\system32\drivers\etc\hosts。

在编辑器中打开 hosts 文件（通常需要 root 权限），然后添加下面一行内容：

`127.0.0.1 b4.example.com`

保存文件后，你对 b4.example.com 发出的任何请求都将转到 IP 地址为 127.0.0.1 的本地回环接口。试着在浏览器中打开 http://b4.example.com:60900。

如果页面像图 9.1 显示的一样，那就太棒了！接下来添加对持久会话（session）的支持。

图 9.1　使用 Localhost 别名后的页面

## 9.2　在 Express 中管理用户会话
Managing User Sessions in Express

此前，我们的 API 都没有对调用者进行认证，也不曾将任何请求与先前的请求关联起来。为了让用户拥有自己的书单，需要一些在请求之间持续存在的标识。这就是会话（session）。

会话通常是通过为每个新用户提供 cookie 来实现的，cookie 中存储着与后端

session 数据关联的 ID。用户浏览器（也称用户代理）此后发出的请求将包含 cookie 值，从而允许服务器更新用户的会话信息。

在 Express 中，这些都可以通过中间件实现。先用 npm 安装 express-session 和 session-file-store 模块：

```
$ npm install --save -E express-session@1.15.6 session-file-store@1.1.2
```

express-session 通过使用 cookie 将会话数据与请求关联起来。默认情况下，它使用 `MemoryStore` 将会话数据存储在内存中。这种方式不适合我们的应用，它在开发环境和生产环境下都存在问题。

在开发环境下，每次保存源代码文件，nodemon 都会重新启动服务器，并清除内存中所有的会话数据。这使得开发和测试变得非常麻烦，因为每次更改代码，它都会将你注销！

在生产环境下，由于内存泄漏和单处理器的限制，所以不建议使用 `express-session` 默认的 `MemoryStore`。Node.js 进程之间没有共享内存。

因此，我们在开发过程中使用 session-file-store 模块中的 `FileStore` 类代替 `MemoryStore`。这种会话存储方式会为每个会话分配一个 .json 文件，用来存储与 cookie 有关的数据。

打开 server.js 文件，找到创建 Express 应用程序实例的那一行：

fortify/b4/server.js
```
const app = express();
```

在它下面插入以下几行代码：

fortify/b4/server.js
```
// Setup Express sessions.
const expressSession = require('express-session');
if (isDev) {
  // Use FileStore in development mode.
  const FileStore = require('session-file-store')(expressSession);
  app.use(expressSession({
    resave: false,
    saveUninitialized: true,
    secret: 'unguessable',
    store: new FileStore(),
  }));
} else {
  // Use RedisStore in production mode.
}
```

我们引入了 expressSession 中间件，然后通过 isDev 判断是否为开发模式。在开发模式下使用 FileStore 类，app.use()会加载 expressSession 并设置需要的选项。下面是每个选项的简要说明。

- resave：代表是否在每次请求时都执行保存会话的操作（哪怕会话没有任何更改）。由于现在使用的 FileStore 和后面要使用的 RedisStore 都实现了 touch()操作，因此可以放心地将 resave 设置为 false。
- saveUninitialized：代表是否保存新的但未修改的会话。若设置为 false，可以防止用户代理同时发出多个无 Cookie 请求的竞争状况。如果在使用 cookie 之前需要获得用户的许可，这样设置就很有用。在开发过程中，将它设置为 true 可以帮助检查会话数据（哪怕它是空的）。
- secret：必须提供的字符串，用于对 cookie 值进行加密，使攻击者难以猜测用户的会话 ID。在生产模式下，我们将从 nconf 中获取此数据。
- store：此选项用于配置一个类的实例，该类继承自 express-session 的 Store 类，用于实现会话数据存储。

FileStore 可以接受一个配置对象作为参数，允许指定不同的配置选项[1]。我们使用默认值就行。默认情况下，FileStore 将会话信息存储在 ./sessions 目录中。

保存文件后，通过 http://b4.example.com:60900 访问正在运行的服务。它看起来与之前是一样的，不同的是，你的项目文件夹中多了一个 sessions 目录，目录中有一个 JSON 文件。该文件的名称与会话 ID（cookie 值）匹配，并且包含与会话关联的数据。可以使用 jq 命令查看文件内容：

```
$ cat sessions/*.json | jq '.'
{
  "cookie": {
    "originalMaxAge": null,
    "expires": null,
    "httpOnly": true,
    "path": "/"
  },
  "__lastAccess": 1499592937433
}
```

会话数据现在几乎是空的，但至少已经存在。你可以随时使用 jq 检查会话数据，调试时这个方法很管用。接下来添加登录流程。

---

[1] https://www.npmjs.com/package/session-file-store#options

## 9.3 添加身份验证 UI 元素
### Adding Authentication UI Elements

现在，b4 程序支持会话了，但还无法登录。要实现身份验证，有前端和后端两部分工作要做。

前端需要添加几个按钮，以便用户选择进行身份验证的服务。首先要安装 Bootstrap 的社交登录按钮[1]，这个模块还要用到 Font Awesome 的图标[2]。使用 npm 进行安装：

```
$ npm install --save -E bootstrap-social@5.1.1 font-awesome@4.7.0
```

接下来，将它们导入 index.ts 文件，这样才能被 webpack 使用。在文件中导入 Bootstrap 的那一行后面添加下面的代码，然后保存文件。

fortify/b4/app/index.ts
```
import '../node_modules/bootstrap-social/bootstrap-social.css';
import '../node_modules/font-awesome/css/font-awesome.min.css';
```

现在可以添加社交登录按钮了。打开 templates.ts 文件并更新 welcome()模板，在 .jumbotron div 末尾插入以下代码：

fortify/b4/app/templates.ts
```
{{#if session.auth}}
<p>View your <a href="#List-bundles">bundles</a>.</p>
{{else}}
<p>Sign in with any of these services to begin.</p>
<div class="row">
  <div class="col-sm-6">
    <a href="/auth/facebook" class="btn btn-block btn-social btn-facebook">
      Sign in with Facebook
      <span class="fa fa-facebook"></span>
    </a>
    <a href="/auth/twitter" class="btn btn-block btn-social btn-twitter">
      Sign in with Twitter
      <span class="fa fa-twitter"></span>
    </a>
    <a href="/auth/google" class="btn btn-block btn-social btn-google">
      Sign in with Google
      <span class="fa fa-google"></span>
    </a>
  </div>
</div>
{{/if}}
```

---

[1] https://lipis.github.io/bootstrap-social/
[2] http://fontawesome.io/

代码中使用 Handlebars 的{{#if}}块检查传入的会话对象是否将 auth 设置为 true。Handlebars 在第 8.6 节介绍过。如果 session.auth 为 true，则显示用户可以查看和编辑的书单链接；否则就显示登录按钮。

请注意，现在代码不会将空会话对象传递给 welcome() Handlebars 模板。我们还需要提供一个 API 给浏览器请求，它才能返回会话对象。这个稍后实现。现在，Handlebars 会把 session.auth 表达式的值当成是 false。

Facebook、Twitter、Google 的社交登录按钮分别链接到/auth/facebook、/auth/twitter、/auth/google，但我们的 server.js 现在没有实现这些端点。

保存文件，访问 http://b4.example.com:60900。它看起来应该如图 9.2 所示。

图 9.2　增加了按钮的页面

打开 templates.ts 文件，再做一点修改。用户登录后，顶部导航栏应该出现书单的链接和注销的链接。

要添加它们，请找到 main() Handlebars 模板，将{{#if}}块添加到.container- fluid div 的末尾，更新后的代码如下所示：

fortify/b4/app/templates.ts
```
{{#if session.auth}}
<div class="collapse navbar-collapse">
  <ul class="nav navbar-nav navbar-right">
    <li><a href="#list-bundles">My Bundles</a></li>
    <li><a href="/auth/signout">Sign Out</a></li>
  </ul>
</div><!-- /.navbar-collapse -->
{{/if}}
```

这里再次使用`{{#if}}`来执行身份验证。如果用户已登录，则显示书单和注销链接。

保存文件，此时渲染页面还不会出现变化。等我们完成了认证流程，这些链接才会显示出来。接下来实现认证流程。

## 9.4 设置 Passport
### Setting Up Passport

Passport 为基于 Express 的应用程序提供身份验证中间件。我们用它实现社交账号登录（Facebook、Twitter、Google）。这三个平台都支持 OAuth 认证，而且可以使用 Passport 插件简化配置。即使是这样，配置这些服务仍然需要一些技巧。

当然，也可以使用 Passport 进行常规的用户名/密码身份验证，但这会引入新问题，比如如何存储用户身份信息，如何加密密码，如何解决用户忘记密码的问题等。用户通常都注册了 Facebook、Twitter、Google 账号，使用社交账号登录避免了这些问题。

无论采用哪种方式，Passport 的基本设置都是相同的。接下来安装配置 Passport，使用它连接身份验证提供商。

### 9.4.1 安装并配置 Passport
#### Installing and Configuring Passport

首先，安装 Passport 模块：

```
$ npm install --save -E passport@0.4.0
```

打开`server.js`文件，在配置 Express 会话的代码后面插入 Passport 设置内容。

```
fortify/b4/server.js
// Passport Authentication.
const passport = require('passport');
passport.serializeUser((profile, done) => done(null, {
  id: profile.id,
  provider: profile.provider,
}));
passport.deserializeUser((user, done) => done(null, user));
app.use(passport.initialize());
app.use(passport.session());
```

Passport 要求你实现序列化和反序列化用户数据的方法。也就是说，必须告诉 Passport 如何从用户的身份令牌（token）转换成实际的用户对象，反之亦然。通常可以借助用户的 ID 通过数据库加载用户对象。serializeUser() 和 deserializeUser() 都接受单个回调函数。

你传递给 serializeUser() 的回调函数应该接受一个 Passport 用户信息对象[1]，然后调用 done()，传回尽可能少却足以确定用户身份的数据。例如，这个函数可以查询数据库，然后返回一个简单的用户 ID 字符串。在我们的例子中，不会将每个用户的数据存储在数据库中（除了书单），所以只需要跟踪用户的 ID 和用户选择的认证商，这足以唯一标识系统中的用户。

deserializeUser() 方法实现相反的功能。给定 serializeUser() 回调产生的标识符，deserializeUser() 函数应该找出完整的对象。在我们的示例中，标识符是一个对象，包含用户 id 和用户登录使用的 provider。由于这是我们知道的所有用户信息，所以不需要执行任何类型的查找，只需将此对象直接发送到 done() 即可。有关如何实现这些回调的更多信息，请参阅 Passport 的会话文档[2]。

之后，可将 passport.initialize() 和 passport.session() 的执行结果传递给 app.use()。这里的顺序非常重要！passport.session() 中间件必须出现在之前添加的 expressSession() 后面。否则会话可能无法正确恢复。

接下来要设置两个通用会话路由：/auth/session 用于获取有关会话的信息，/auth/signout 允许用户注销。

## 9.4.2 添加会话路由
Adding Session Routes

无论用户选择哪个提供商的账户登录，都需要两条 Express 路由。第一条 /api/session 返回当前用户会话信息。我们在 app/index.ts 的前端代码中异步调用它。

打开 server.js 文件，在底部调用 app.listen() 之前，插入以下内容：

fortify/b4/server.js
```
app.get('/api/session', (req, res) => {
  const session = {auth: req.isAuthenticated()};
  res.status(200).json(session);
});
```

---

[1] http://passportjs.org/docs/profile
[2] http://passportjs.org/docs#sessions

Passport 向 Express 的请求对象 req 添加了 isAuthenticated()方法。这里 /api/session 路由返回了一个具有 auth 属性的对象（该属性为 true 或 false）。保存文件，在终端使用 curl 命令测试一下。

```
$ curl -s b4.example.com:60900/api/session
{"auth":false}
```

现在，在/auth/session 路由后面，添加以下内容创建/auth/signout 路由。

fortify/b4/server.js
```
app.get('/auth/signout', (req, res) => {
  req.logout();
  res.redirect('/');
});
```

添加 isAuthenticated()时，Passport 也会为 req 对象添加一个 logout()方法。调用它之后，我们将用户重定向到主页面。

有了这些路由，现在可以将会话 API 关联到前端。

### 9.4.3 将会话 API 关联到前端
Connecting the Session API to the Front End

现在有一个可以返回会话对象的/api/session 路由，让我们将这个对象传递给模板，这样就可以向用户显示合适的信息（如注销链接）。

在 app 目录中，打开 index.ts 文件。为了简化对后端的请求，在文件顶部添加一个函数：

fortify/b4/app/index.ts
```
/**
 * Convenience method to fetch and decode JSON.
 */
const fetchJSON = async (url, method = 'GET') => {
  try {
    const response = await fetch(url, {method, credentials: 'same-origin'});
    return response.json();
  } catch (error) {
    return {error};
  }
};
```

fetchJSON()异步函数有两个参数：一个必需的 url 字符串，一个默认值为

GET 的可选参数 method。该函数使用 fetch API 获取 URL[1]。

注意 credentials 选项。它能确保凭证信息（cookie）与请求一起发送。如果没有这个选项，默认情况下 fetch() 不会发送 cookie，那么后端会将请求视为未认证。

fetch() 调用成功后，通过 response.json() 返回 Promise。fetchJSON() 的调用者使用 await 获取结果并接收反序列化的 JSON 对象。如果出现任何错误，则返回一个包含错误信息的对象。

现在使用 fetchJSON() 获取会话信息。在 index.ts 文件中找到 showView() 方法。在 switch 中，更新 #welcome 条件中的代码。

fortify/b4/app/index.ts
```
case '#welcome':
  const session = await fetchJSON('/api/session');
  mainElement.innerHTML = templates.welcome({session});
  if (session.error) {
    showAlert(session.error);
  }
  break;
```

现在不再使用空会话对象调用 welcome() 模板，而是使用 fetchJSON() 来获取 /api/session，然后将返回的对象传递给模板。如果出现错误，则使用 showAlert() 显示。

找到 index.ts 文件底部执行页面设置的匿名异步函数，更新代码。

fortify/b4/app/index.ts
```
// Page setup.
(async () => {
  const session = await fetchJSON('/api/session');
  document.body.innerHTML = templates.main({session});
  window.addEventListener('hashchange', showView);
  showView().catch(err => window.location.hash = '#welcome');
})();
```

这里将用户对象传给 main()，而不再使用空对象调用 main()。

你可能感到奇怪，我们请求了 /api/session 两次，而不是请求一次得到数据，然后在整个流程中复用。这样做的原因是会话数据可能会随时间发生改变。

Cookie 不会永远有效，它们会过期。默认情况下，Express 会话堆栈创建的

---

[1] https://developer.mozilla.org/en-US/docs/Web/API/Fetch_API/Using_Fetch

cookie 有效期大约为一天。这意味着如果用户在一天后重新访问欢迎页面,则他们将会被注销。

在这种情况下,正确的做法是显示登录按钮,以便他们可以重新进行身份验证。在 showView()方法内部,从/api/session 获取新的会话对象可以确保用户看到的内容与会话状态匹配。

保存 index.ts 后,nodemon 会自动重启服务。但是用户界面还不会发生任何可见的变化。我们还要至少实现一个认证提供商,并使用它登录。让我们从 Facebook 开始,然后实现 Twitter 和 Google。

## 9.5 通过社交账号进行身份验证
Authenticating with Facebook, Twitter, and Google

现在,我们的全栈 JavaScript 应用已经集成了 Passport,可以管理用户身份验证会话。接下来接入身份验证提供商,允许用户使用外部账号登录。

Passport 中的身份验证机制称为策略(strategy)。为了支持每个提供商,需要为提供商安装和配置 npm 模块,其中包括 Passport 插件中的 `Strategy` 类。

步骤如下。

(1)在提供商那里创建一个应用。

(2)将应用的标识符和密钥信息添加到你的配置中。

(3)安装 Passport 策略。

(4)在 `server.js` 文件中配置 Strategy 实例。

我们先设置 Facebook 的身份验证,然后设置 Twitter 和 Google 的。三个提供商的设置步骤大致相同,下面将重点放在 Facebook 的设置上。

完成 Facebook 的设置后,你可以选择直接跳到第 9.6 节。

### 9.5.1 创建 Facebook 应用
Creating Your Facebook App

为了允许 Facebook 账号登录,首先要注册 Facebook 开发者账户。如果你还没有 Facebook 开发者账户，请先在 Facebook 开发者页面注册[1]。

获得账户后，前往 Facebook 应用页面，单击+添加新应用按钮[2]。将显示名称设置为 b4-dev，然后单击创建应用 ID。填写完验证码后，就可以创建应用了。

创建好应用后，点击左侧边栏菜单中的设置链接。在底部点击+添加平台按钮，从选项中选择网站。将网站网址设置为 http://b4.example.com:60900。最后，点击保存。完成后应该如图 9.3 所示。

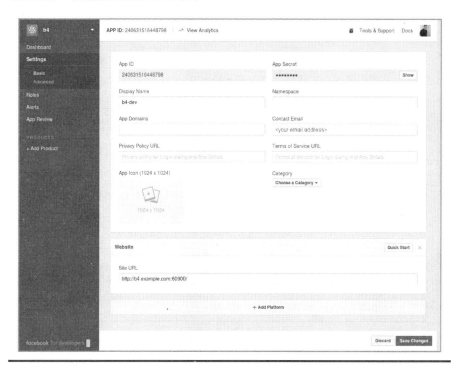

图 9.3 Facebook 创建应用的页面

你需要从此页面获取两条信息才能使用该应用进行身份验证：应用 ID（App ID）和应用密钥（App secret）。应用 ID 很容易看到，但你必须单击 Show 按钮才能看到应用密钥。

打开 development.config.json 文件，添加如下内容：

```
"auth": {
  "facebook": {
```

---

[1] https://developers.facebook.com/
[2] https://developers.facebook.com/apps/

```
        "appID": "<your Facebook App ID>",
        "appSecret": "<your Facebook App Secret>"
    }
}
```

将 appId 和 appSecret 设置成你自己的值，然后保存文件。

请妥善保管应用密钥！获得此字符串的人都可以像你一样执行用户操作。

### 9.5.2 给 Passport 添加 Facebook 策略
Adding the Facebook Strategy to Passport

你已经创建了 Facebook 应用程序，并且在配置文件中配置了 appID 和 appSecret，现在可以安装和配置 Passport Facebook npm 模块了。此模块包含一个 Strategy 类，用于连接到 Facebook 进行身份验证。

先安装 npm 模块：

```
$ npm install --save -E passport-facebook@2.1.1
```

要使用 Facebook 策略与 Passport 进行身份验证，还需要创建两个 Express 路由。第一个路由是/auth/facebook。当用户点击欢迎界面的 Facebook 登录按钮访问此路由时，他们将被重定向到 Facebook 的登录页面（见图 9.4）。

图 9.4　授权使用 Facebook 账号登录的页面

我们需要的第二个 Express 路由是/auth/facebook/callback，这是 Facebook

在用户登录后将用户重定向的目的地。Passport 在设置路由方面相当灵活，你有很多选择，但这同时也意味着要做大量的配置工作。下面展示的代码是最简单的版本，你可以根据自己的项目需求进行修改。

打开 server.js 文件，找到前面添加的 Passport 身份验证的代码，在下面插入如下内容：

```js
// fortify/b4/server.js
const FacebookStrategy = require('passport-facebook').Strategy;
passport.use(new FacebookStrategy({
  clientID: nconf.get('auth:facebook:appID'),
  clientSecret: nconf.get('auth:facebook:appSecret'),
  callbackURL: new URL('/auth/facebook/callback', serviceUrl).href,
}, (accessToken, refreshToken, profile, done) => done(null, profile)));
```

这段代码内容有点多，但主要是样板代码。首先，引入 Strategy 类赋值给变量 FacebookStrategy。调用 passport.use()需要两个参数，一个是配置好的 Strategy 实例，另一个是回调函数，用于从 Facebook 个人资料信息中解析用户对象。

配置 FacebookStrategy 实例，需要传给它三个值。clientID 和 clientSecret 是你的 Facebook 应用 ID 和应用密钥。callbackURL 是指向 /auth/facebook/callback 路径的完整 URL。这里以 serviceUrl 为基础，使用 URL 类来构造这样一个字符串。

传给 passport.use()的第二个参数是用于解析用户信息的回调函数。由于我们只需要 profile，所以马上就调用了 done()。你自己的程序可以在这里做一些有趣的事，比如连接数据库来检索更详细的用户信息。

请注意，此处的 profile 对象恰好是 Passport 的 serializeUser()回调函数的输入。如果你自己的应用程序想做更复杂的处理，请确保更新 Passport 序列化代码，因为这些 profile 对象必须互相匹配。

我们来看一个例子。回忆一下前面的 serializeUser()方法：

```js
// fortify/b4/server.js
passport.serializeUser((profile, done) => done(null, {
  id: profile.id,
  provider: profile.provider,
}));
```

注意回调函数接受 `profile` 对象,并期望它包含 `id` 属性和 `provider` 属性。现在考虑 `FacebookStrategy` 构造函数最后的回调函数参数,它将成功登录用户的令牌(token),解析为用户 `profile` 对象:

```
(accessToken, refreshToken, profile, done) => done(null, profile)
```

调用 `done()` 时,Passport 和 Express 会确保将 `profile` 对象传递给 `serializeUser()` 回调函数。如果你想实现更复杂的 `profile` 对象,就要确保这两个对象的处理方式在两个地方是一致的。有关配置 Facebook 策略的更多信息,包括如何在单独的数据库中存放更丰富的用户信息,请参阅 Passport 的文档[1]。

现在 Passport 可以使用 Facebook 策略了,我们也可以添加 Express 路由了。在 `passport.use()` 调用后面加上如下代码:

fortify/b4/server.js
```
app.get('/auth/facebook', passport.authenticate('facebook'));
app.get('/auth/facebook/callback', passport.authenticate('facebook', {
  successRedirect: '/',
  failureRedirect: '/',
}));
```

用户进入 /auth/facebook 路由后,会将用户重定向到 Facebook 登录。完成后,Facebook 会将用户重定向到 /auth/facebook/callback。Facebook 登录可能成功,也可能失败。Passport 会相应地将用户重定向到 `successRedirect` 或 `failureRedirect`。

由于 b4 是单页应用,因此无论登录是否成功,都会将用户发送到 web 根目录(/)。将会话代码添加到前端后,Handlebars 模板将根据用户是否登录成功,向用户显示正确的内容。

保存 `server.js` 文件,`nodemon` 应该会重新启动服务。如果没有重启,请排查问题。别忘了,你可以随时在随书代码中查看 `b4-final` 的实现。

Facebook 身份验证现已全部设置完成。请打开位于 http://b4.example.com:60900 的 b4 应用。点击 Facebook 登录按钮,然后登录。如果一切顺利,你会看到如图 9.5 所示的页面。

---

[1] http://passportjs.org/docs/facebook

图 9.5　登录后的页面

如果没有看到这个页面，那么你要弄清楚是 Facebook 认证的问题还是代码的问题。首先要检查 sessions 目录中存储会话信息的 .json 文件。Passport 成功通过 Facebook 进行身份验证后，该文件应该如下所示：

```
$ cat sessions/*.json | jq '.'
{
  "cookie": {
    "originalMaxAge": null,
    "expires": null,
    "httpOnly": true,
    "path": "/"
  },
  "__lastAccess": 1500116410607,
  "passport": {
    "user": {
      "id": "10155505203238200",
      "provider": "facebook"
    }
  }
}
```

如果 Facebook 身份验证失败，那么 passport 部分将会丢失。如果 passport 部分存在，那么就要排查代码的问题。请查看 nodemon 终端中的日志。

将会话数据保存在这些 JSON 文件中有一个好处：可以通过删除它们来注销用户。删除 sessions 目录中会话的 .json 文件后，会话将失效，用户必须再次登录。

### 9.5.3　使用 Twitter 进行身份验证
Authenticating with Twitter

本节配置 Twitter 身份验证。先创建 Twitter 应用，将应用标识和密钥添加到你的配置中，然后安装 Twitter Passport 模块并在 `server.js` 中配置策略（Strategy）。

在新的浏览器标签页中打开 Twitter 应用页面[1]。单击创建新应用按钮。在新的应用表单中填写 b4 应用程序的详细信息：

- Name：b4-dev。
- Description：Better Book Bundle Builder。
- Website：http://b4.example.com:60900。
- Callback URL：http://b4.example.com:60900/auth/twitter/callback。

点击创建 Twitter 应用（Create Your Twitter Application）按钮。完成创建后，会跳转到新应用详情页面。点击设置（Settings）标签，看起来应该如图 9.6 所示。

确保勾选底部允许此应用用于 Twitter 登录（Allow this application to be used to Sign in with Twitter）的复选框。

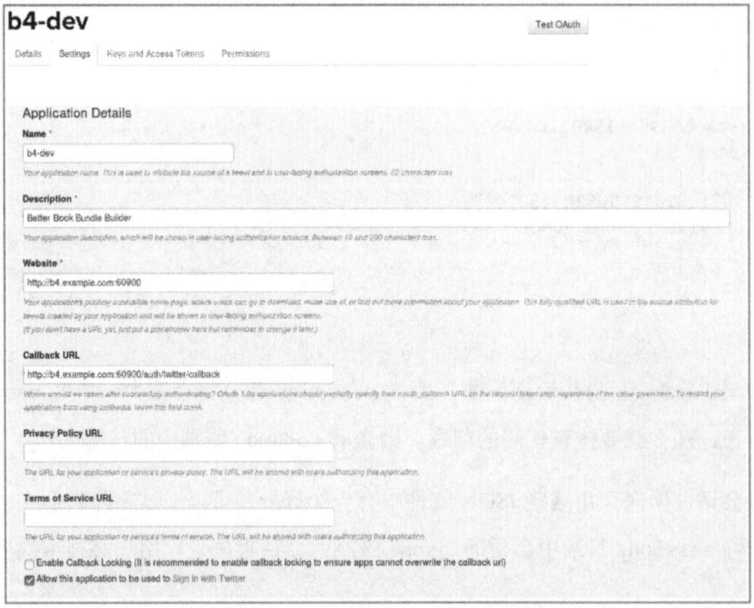

图 9.6 Twitter 应用的设置页面

---

[1] https://apps.twitter.com/

接下来，点击 Keys And Access Tokens 标签。你需要消费者标识（consumer key）和消费者密钥（consumer secret）。打开你的 development.config.json 文件，在 auth 中添加如下内容：

```
"twitter": {
  "consumerKey": "<your Consumer Key>",
  "consumerSecret": "<your Consumer Secret>"
}
```

保存文件。接下来，使用 npm 安装 Twitter Passport 模块。

```
$ npm install --save -E passport-twitter@1.0.4
```

再打开 server.js 文件，找到上一节添加 Facebook 配置的部分，添加如下代码：

fortify/b4/server.js
```
const TwitterStrategy = require('passport-twitter').Strategy;
passport.use(new TwitterStrategy({
  consumerKey: nconf.get('auth:twitter:consumerKey'),
  consumerSecret: nconf.get('auth:twitter:consumerSecret'),
  callbackURL: new URL('/auth/twitter/callback', serviceUrl).href,
}, (accessToken, tokenSecret, profile, done) => done(null, profile)));

app.get('/auth/twitter', passport.authenticate('twitter'));
app.get('/auth/twitter/callback', passport.authenticate('twitter', {
  successRedirect: '/',
  failureRedirect: '/',
}));
```

这段代码与之前的 FacebookStrategy 代码几乎相同。现在构造一个 TwitterStrategy 并告诉 Passport 将它与配置文件中的消费者标识和消费者密钥一起使用。该 Strategy 返回的 profile 包含我们需要的 id 和 provider。

像 Facebook 的配置一样，我们需要两个路由。路由 /auth/twitter 将用户重定向到 Twitter，用户可以进行登录操作，路由 /auth/twitter/callback 是 Twitter 在用户登录后将用户重定向回 b4 的地方。

保存 erver.js 文件，nodemon 应该会自动重启。在打开的 b4 应用页面中，现在可以点击 Twitter 按钮登录。第一次点击时，应该会看到如图 9.7 所示的页面。

点击授权按钮后，Twitter 会将你重定向到 b4，你现在应该已经登录了。如果没有登录，可能是因为你还处于 Facebook 登录状态，可以通过访问 /auth/signout 路由或删除 sessions 目录中的 .json 文件来注销。

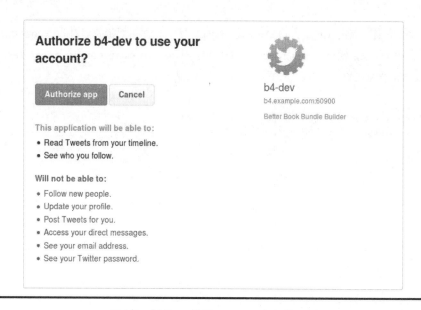

图 9.7　授权 b4 使用 Twitter 账号的页面

如果使用 Twitter 登录遇到问题，可以查看 Twitter Passport 的文档[1]。

最后实现 Google 身份验证。

### 9.5.4　使用 Google 进行身份验证
Authenticating with Google

设置 Google 身份验证的步骤与 Facebook、Twitter 的类似。

首先访问 Google 云平台页面[2]。如果尚未登录，请先登录，然后单击控制台按钮启动 Google 云平台控制台。如果没有显示，请展开侧边菜单，然后选择 IAM & Admin > Manage resources。

在资源管理（Manage Resources）页面，单击创建项目（Create Project）按钮。在表单中输入项目名称 b4-dev，然后单击创建。确保在页面顶部的下拉菜单中选择你的项目。

接下来要启用一些 API。从侧面菜单中选择 APIs & Services > Dashboard，然后点击页面顶部的蓝色按钮启用 API 和服务。向下滚动并找到社交 API，然后点击 Google+API，进入如图 9.8 所示的页面。

---

[1] http://passportjs.org/docs/twitter
[2] https://cloud.google.com

图 9.8 Google+API 介绍页面

在页面顶部，点击启用按钮打开 Google+API。接下来要设置 OAuth 凭证（credential）。在左侧的导航栏中，选择 API Manager > Credentials。点击 Create Credentials 下拉菜单并选择 OAuth Client ID（见图 9.9）。

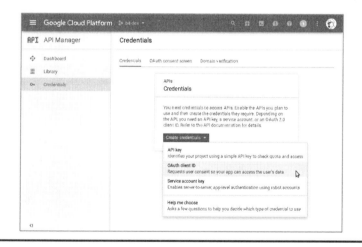

图 9.9 创建 Credentials 的页面

接下来的页面可能会出现一条警告消息，指出要设置 OAuth 的许可页面。如果是，请点击链接进行设置，然后输入要显示给用户的产品名称 b4-dev（见图 9.10）。

保存许可页面设置后，应该出现创建客户端 ID 的页面。该页面要求选择应用程序类型。选择 Web Application，然后单击创建，随后会出现更多扩展选项。

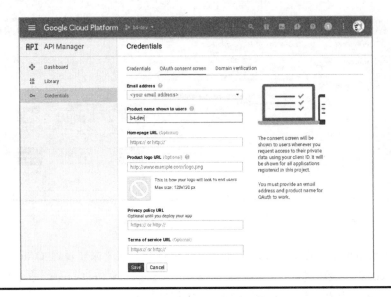

图 9.10　OAuth 许可页面

你可以将名称设置为默认值，并忽略授权 JavaScript 源，但必须填写授权重定向 URI。输入 http://b4.example.com:60900/auth/google/callback，然后点击创建，如图 9.11 所示。

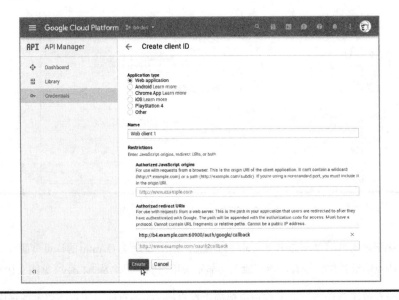

图 9.11　创建 Client ID 的页面

请谨慎指定重定向 URI。如果不匹配，那么身份验证将不起作用！

OAuth 客户端准备好后，该页面将显示一个弹出对话框，其中包含客户端 ID（client ID）和客户端密钥（client secret）。你需要这两个值才能连接服务。

打开 development.config.json 文件，添加 Google 部分，如下所示：

```
"google": {
  "clientID": "<your Client ID>",
  "clientSecret": "<your Client Secret>"
}
```

注意复制客户端 ID 和客户端密钥时，不要复制前后多余的空格。设置 development.config.json 文件时务必删除多余的空格。

保存文件。接下来，使用 npm 安装 Passport Google 模块。

```
$ npm install --save -E passport-google-oauth20@1.0.0
```

完成安装后，剩下的就是配置 Strategy。打开 server.js，找到 Twitter 配置部分，在它后面插入以下内容：

fortify/b4/server.js
```js
const GoogleStrategy = require('passport-google-oauth20').Strategy;
passport.use(new GoogleStrategy({
  clientID: nconf.get('auth:google:clientID'),
  clientSecret: nconf.get('auth:google:clientSecret'),
  callbackURL: new URL('/auth/google/callback', serviceUrl).href,
  scope: 'https://www.googleapis.com/auth/plus.login',
}, (accessToken, refreshToken, profile, done) => done(null, profile)));

app.get('/auth/google',
    passport.authenticate('google', {scope: ['email', 'profile']}));
app.get('/auth/google/callback', passport.authenticate('google', {
  successRedirect: '/',
  failureRedirect: '/',
}));
```

与之前的 Twitter 和 Facebook 类似，这段代码从 nconf 读取配置来设置提供商的 Strategy。但有一点不同，Google 策略需要一个 scope 参数。这里 scope 是 Google+ API。

另外，/auth/google 路由需要自己的 scope 配置。用户登录并不需要太多信息，只要电子邮件和用户 profile 就行。当用户进行身份验证时，应用会提示他们提交哪些信息。

使用 Google 的 OAuth 进行 Node.js 身份验证，可以参考 Google 的 Node.js 入门（Google's Node.js Getting Started）页面的验证用户（Authenticating Users）部分[1]。还可以查看 Passport 的 Google 策略文档[2]。

身份验证机制工作正常了，现在可以为 b4 添加更多功能了。

## 9.6 编写 Express 路由
Composing an Express Router

本节学习使用 Express 的 Router 创建模块化 API。通过路由组织 API 是很好的做法，可以让代码结构更清晰，方便重构和维护。

你可以将 Router 想象成 Express 的子应用，它有自己的中间件栈，并且可以包含路由（route）。

使用 Express 应用程序（Application）app，你可以调用 `app.use()` 来委托给 Router 进行处理。除了拥有自己的中间件和路由，Router 还可以调用 `use()` 加载其他 Router。这能让你灵活地以模块化的、可维护的方式组合中间件和路由。

本节要开发的 API 与第 7 章使用的 API 相似，但是增加了身份验证功能。我们首先设置一个模块来容纳书单 Router。

### 9.6.1 设置模块
Setting Up the Module

要做的第一件事是将返回 Express Router 的模块组合在一起。这是模块化 Express 开发的基础。

在 b4 项目中创建 `lib` 目录，新建 `bundle.js` 文件，在其中输入以下内容：

fortify/b4/lib/bundle.js
```
/**
 * Provides API endpoints for working with book bundles.
 */
'use strict';
const express = require('express');
const rp = require('request-promise');
```

---

[1] https://cloud.google.com/nodejs/getting-started/authenticate-users#authenticating_users
[2] http://passportjs.org/docs/google

```
module.exports = es => {
  const url = `http://${es.host}:${es.port}/${es.bundles_index}/bundle`;
  const router = express.Router();

  return router;
};
```

这段代码将 module.exports 设置为一个函数，该函数为接受一个 Elasticsearch 配置对象并返回 Express Router 实例。

保存文件。打开 server.js，在 app.listen() 这一行之前添加以下内容：

fortify/b4/server.js
```
app.use('/api', require('./lib/bundle.js')(nconf.get('es')));
```

这里，我们使用两个参数调用 app.use()。第一个参数是字符串 /api，第二个参数是 bundle.js 模块返回的 Router 实例。

给定路径和 Router，app.use() 将委托该路径下的 Router 创建路由。比如，我们稍后将添加一个 /list-bundles 路由到 Router，该 Router 将具有应用程序级路径 /api/list-bundles。

保存 server.js 文件，nodemon 会重启。现在将认证中间件添加到 Router。

## 9.6.2 利用身份验证保护路由
Protecting Routes with an Authentication Check

Router 可以看成迷你 Express 应用，因此它可以有自己的中间件，并影响它所有的路由。中间件可以在每个路由上执行相同的代码。我们只希望通过认证的用户访问所有的书单路由。

打开 bundle.js 文件，在 return router 这一行之前插入如下代码：

fortify/b4/lib/bundle.js
```
/**
 * All of these APIs require the user to have authenticated.
 */
router.use((req, res, next) => {
  if (!req.isAuthenticated()) {
    res.status(403).json({
      error: 'You must sign in to use this service.',
    });
    return;
  }
```

```
    next();
});
```

此 Router 引入了一个自定义的中间件。之前已经通过 Passport 为 req 对象添加了 isAuthenticated() 方法。我们在这里检查，如果用户没有通过身份验证，服务器将会返回 HTTP 403 状态码。现在，我们添加到路由器的任何路由都将禁止未经身份验证的用户访问。

接下来让我们添加一个路由来列出用户的书单。

### 9.6.3 列出用户的书单
Listing a User's Book Bundles

第 8 章获取书单是通过 webpack-dev-server 代理与 Elasticsearch 直接连接并查询所有书单。现在将通过 Express 服务器与 Elasticsearch 连接并仅返回属于已验证用户的书单。

Passport 将一个 user 对象添加到 Express Request 对象 req 中，现在可以通过这个对象查找属于此用户的书单。首先添加一个函数，用来根据 req.user 对象获取用户密钥。打开 bundle.js 文件，在顶部 require() 这一行后面添加以下内容：

fortify/b4/lib/bundle.js
```
const getUserKey = ({user:{provider, id}}) => `${provider}-${id}`;
```

这个箭头函数使用嵌套的解构赋值从传入的 Express Request 实例中提取 user.provider 和 user.id 属性。返回值是使用连字符分隔的简单字符串。该函数将返回类似 facebook-1234512345 这样的字段。

有了 getUserKey() 函数，让我们添加一个路由来列出用户的书单。

在 bundle.js 文件的底部 return router 这一行之前插入以下内容：

fortify/b4/lib/bundle.js
```
/**
 * List bundles for the currently authenticated user.
 */
router.get('/list-bundles', async (req, res) => {
  try {
    const esReqBody = {
      size: 1000, query: {
        match: {
```

```
      userKey: getUserKey(req),
    }
  },
};

const options = {
  url: `${url}/_search`,
  json: true,
  body: esReqBody,
};

const esResBody = await rp(options);
const bundles = esResBody.hits.hits.map(hit => ({
  id: hit._id,
  name: hit._source.name,
}));
res.status(200).json(bundles);
} catch (err) {
  res.status(err.statusCode || 502).json(err.error || err);
}
});
```

这段代码你应该很熟悉,它与前几章开发的 API 类似。我们用 router.get() 为/list-bundles 路由设置一个处理函数,它将注册在 server.js 中的/api 下面。

esReqBody 用于执行 Elasticsearch 文档查询,获取与 userKey 相匹配的书单。接下来,我们添加一个用于创建新书单的 API。

使用 router.post()为路由/bundle 设置一个处理函数,如下所示:

fortify/b4/lib/bundle.js
```
/**
 * Create a new bundle with the specified name.
 */
router.post('/bundle', async (req, res) => {
  try {
    const bundle = {
      name: req.query.name || '',
      userKey: getUserKey(req),
      books: [],
    };

    const esResBody = await rp.post({ url, body: bundle, json: true });
    res.status(201).json(esResBody);
  } catch (err) {
    res.status(err.statusCode || 502).json(err.error || err);
  }
});
```

确保包含了 userKey 字段！稍后 /list-bundles 将用它进行查找。

接下来，在此路由之后，添加通过 ID 获取书单的代码：

fortify/b4/lib/bundle.js
```js
/**
 * Retrieve a given bundle.
 */
router.get('/bundle/:id', async (req, res) => {
  try {
    const options = {
      url: `${url}/${req.params.id}`,
      json: true,
    };

    const { _source: bundle } = await rp(options);

    if (bundle.userKey !== getUserKey(req)) {
      throw {
        statusCode: 403,
        error: 'You are not authorized to view this bundle.',
      };
    }

    res.status(200).json({ id: req.params.id, bundle });
  } catch (err) {
    res.status(err.statusCode || 502).json(err.error || err);
  }
});
```

这里很重要的部分是检查请求书单的 userKey 是否与当前通过身份验证的用户匹配。如果不匹配，则抛出错误，它会被下面的 catch 块捕获。HTTP 403 状态码将告知用户无权访问该书单。

在实际应用中，也许显示状态代码 404 Not Found 更合适。具有特定 ID 的书单是否存在并不是什么特别重要的秘密，更何况 ID 是由 ElasticSearch 生成的难以理解的随机字符串。但是，在你自己的应用程序中要保持警惕，如果知道文档存在这件事本身是有价值的，那么使用 403 禁止访问就有可能泄露秘密。

保存 bundle.js 文件。有了这些路由，现在可以开始构建 UI 了。

## 9.7 引入书单 UI
Bringing in the Book Bundle UI

我们已经实现了具有身份验证功能的 Router，现在可以加上 UI，让项目从前端到后端完整运行起来。本节的代码与第 8 章的 UI 代码很相似。别忘了，你可以随时查看 b4-final 的代码。

打开 index.ts 文件，我们要增加几个方法。第一个方法是 getBundles()，请在文件顶部 fetchJSON() 之后添加如下代码：

```ts
// fortify/b4/app/index.ts
const getBundles = async () => {
  const bundles = await fetchJSON('/api/list-bundles');
  if (bundles.error) {
    throw bundles.error;
  }
  return bundles;
};
```

在第 8 章中，getBundles() 方法直接通过 webpack-dev-server 提供的代理调用 Elasticsearch。这里，我们使用 fetchJSON() 请求添加到 bundle.js 的 /list-bundles 路由。

接下来，在 getBundles() 之后创建 addBundle() 异步函数。你可以使用第 8.9 节写的代码，唯一要注意的是，这里应该使用 fetchJSON()，而不是原来的 fetch()。

在 addBundle() 后面插入 listBundles() 函数，用来渲染 #list-bundles 视图：

```ts
// fortify/b4/app/index.ts
const listBundles = bundles => {
  const mainElement = document.body.querySelector('.b4-main');

  mainElement.innerHTML =
    templates.addBundleForm() + templates.listBundles({ bundles });

  const form = mainElement.querySelector('form');
  form.addEventListener('submit', event => {
    event.preventDefault();
    const name = form.querySelector('input').value;
    addBundle(name);
  });
};
```

最后，将这个 #list-bundles 添加到 showView() 方法内部的 switch 语句中。

fortify/b4/app/index.ts
```
case '#list-bundles':
  try {
    const bundles = await getBundles();
    listBundles(bundles);
  } catch (err) {
    showAlert(err);
    window.location.hash = '#welcome';
  }
  break;
```

渲染 #list-bundles 视图时，首先调用之前添加的 getBundles() 方法获取用户的书单。然后将返回的集合传给 listBundles() 方法进行渲染。

如果出现问题（如会话超时），则 getBundles() 返回被拒绝的 Promise，然后抛出异常。后面的 catch 语句确保通知用户错误信息并重定向到欢迎页面。

保存文件，nodemon 会检测到更新。打开 http://b4.example.com:60900，新界面应该展示出来了，现在可以登录并创建和查看书单了。

本章练习还将进一步丰富 b4 应用的功能。在结束本章内容之前，我想谈谈在生产模式下部署服务。

## 9.8 在生产模式下部署服务
Serving in Production

在开发模式下，我们希望迭代更快，对外部系统的依赖程度更低。到目前为止，我们都是这样做的，偶尔使用 isDev 变量来选择是否为开发模式。

本节要在生产模式下运行程序，为此需要做一些准备。一切就绪后，我们将清理项目，重新安装依赖模块，以便开展生产测试。

我们要做的第一件事是改变存储会话数据的方式。在生产模式下，最好将会话存储在 Redis 这样的服务里，而不是保存在文件系统里。

Redis 是一款高速的开源内存型键/值存储库[1]，可以用作数据库、缓存、消息代

---

[1] http://redis.io/

理，并且可以选择与磁盘同步。

当 NODE_ENV 设置为生产模式时，我们将使用 Redis 存储会话信息。为此，需要安装 Redis 和 Redis 会话模块，还要创建 production.config.json 文件，将其导入 server.js 文件。让我们开始吧。

## 9.8.1 安装 Redis
Installing Redis

Redis 下载页面包含大多数常用操作系统的二进制文件[1]。Ubuntu 系统可以使用 apt 安装 Redis 服务器和命令行工具：

```
$ sudo apt install redis-server redis-tools
```

安装了 homebrew 的 Max OS X 系统可以这样安装 Redis：

```
$ brew install redis
```

Redis 项目没有发布 Windows 版本，但可以从 GitHub 的 Microsoft Open Tech 小组获得它[2]。安装完 Redis，可以使用 redis-cli 命令测试它是否正常工作：

```
$ redis-cli
127.0.0.1:6379> ping
PONG
127.0.0.1:6379> quit
```

如果你看到这个，那太棒了！现在可以创建一个生产配置文件指向它了。首先将你的 development.config.json 复制到 production.config.json。理想情况下，应该将所有配置切换为生产模式的值。这里，让我们先从添加 Redis 配置开始。

打开新建的 production.config.json 文件，添加 Redis 部分，如下所示：

```
"redis": {
  "host": "localhost",
  "port": 6379,
  "secret": "<your Redis secret here>"
}
```

---

[1] http://redis.io/download
[2] https://github.com/MSOpenTech/redis

连接 Redis 需要它所在的主机（host）和端口（port）。Redis 默认使用的 TCP 端口是 6379。secret 的作用与之前的类似。如果你想注销所有用户，更改 secret 就能实现。保存 production.config.json 文件，接下来将 Redis 连接到服务器。

## 9.8.2 将 Redis 连接到 Express
Wiring Up Redis to Express

先安装 connect-redis 模块，用于存储会话。

```
$ npm install --save -E connect-redis@3.3.2
```

接下来打开 server.js 文件，找到注释 *Use RedisStore in production mode*，添加以下代码：

fortify/b4/server.js
```
// Use RedisStore in production mode.
const RedisStore = require('connect-redis')(expressSession);
app.use(expressSession({
  resave: false,
  saveUninitialized: false,
  secret: nconf.get('redis:secret'),
  store: new RedisStore({
    host: nconf.get('redis:host'),
    port: nconf.get('redis:port'),
  }),
}));
```

这里与前面设置的 FileStore 类相似，你应该比较熟悉。首先引入 RedisStore 类，附加到 expressSession 对象。然后调用 app.use()，传入 expressSession 中间件及相应的配置。

现在将 saveUninitialized 设置为 false。我们不希望在生产模式下存储未初始化的会话，宁愿等用户进行身份验证，然后保存会话信息。通过 nconf 引入 secret 的值，而不是硬编码在代码中。

我们传入一个新的 RedisStore 实例给 store，使用 nconf 中的设置进行配置。connect-redis 模块还支持其他选项[1]，但目前我们只需要这些配置。

保存 server.js 文件。除了 dist 目录下的资源文件，所有代码现在都可以在

---

[1] https://www.npmjs.com/package/connect-redis#options

生产模式下运行了。是时候进行生产模式的端到端测试了。

### 9.8.3 在生产模式下运行程序
Running in Production Mode

告诉 webpack 编译资源文件，打开终端执行 npm run build：

```
$ npm run build
```

可以通过查看 dist 目录来确认是否生效。

```
$ tree -F ./dist
dist
├── 674f50d287a8c48dc19ba404d20fe713.eot
├── 89889688147bd7575d6327160d64e760.svg
├── 912ec66d7572ff821749319396470bde.svg
├── b06871f281fee6b241d60582ae9369b9.ttf
├── bundle.js
└── index.html
0 directories, 6 files
```

准备尝试在生产模式下运行。为确保一切按计划进行，最稳妥的做法是在生产模式下删除所有依赖模块，然后重新安装。这样不会意外依赖于忘记保存到你的 package.json 文件中的东西。

首先删除 node_modules 文件夹。小心不要删除其他东西！

```
$ rm -rf node_modules
```

将 NODE_ENV 设置为 production，运行 npm install。这可以阻止 npm 安装任何 devDependencies。

```
$ NODE_ENV=production npm install
```

最后，在生产模式下启动服务器。

```
$ NODE_ENV=production npm start

> b4@1.0.0 start ./code/fortify/b4
> nodemon --ignore './sessions' server.js

[nodemon] 1.12.1
[nodemon] to restart at any time, enter `rs`
[nodemon] watching: *.*
```

## 第 9 章  强化你的应用

```
[nodemon] starting `node server.js`
Ready.
```

好了，在浏览器中打开 http://b4.exampl.com:60900/，检查是否工作正常。现在你应该可以登录，添加书单和注销了。

## 9.9 小结与练习
### Wrapping Up

本章将前两章学到的基于 Express 开发 API 服务代码和基于 webpack 构建前端代码结合起来，开发端到端应用程序。通过 Passport 实现了身份验证。

在本地运行 Node.js 项目与在生产环境下运行很不一样。我们学习了使用 nconf 和 `NODE_ENV` 来处理这种差异。

利用 Express 编写了用于身份验证和配置持久会话的中间件。学习了如何将中间件和路由封装到 Express Router 里。

我们还编写了 async 函数，让代码以一种统一的方式处理同步和异步代码流程，同时提高了代码的可读性和可维护性。

现在你已经有能力使用 Node.js 开发自己的全栈 JavaScript 应用了。祝你好运！

最后一章将学习使用可视化工具 Node-RED 编写基于事件流的 Node.js 程序。

### 9.9.1 将 Elasticsearch 配置升级为 URL
#### Upgrade Elasticsearch Configuration to URLs

和前面章节一样，本章访问 Elasticsearch 的配置如下：

```
"es": {
  "host": "localhost",
  "port": 9200,
  "books_index":"books",
  "bundles_index": "b4"
},
```

然后使用下面的模板字符串构建 Elasticsearch 地址。

```
const url = `http://${es.host}:${es.port}/${es.bundles_index}/bundle`;
```

后来我们学习了使用 URL 类构造相对路径的 URL。

本练习要求你将配置更改为下面这样：

```
"es": {
  "books_index": "http://localhost:9200/books",
  "bundles_index": "http://localhost:9200/b4"
},
```

然后，借助 URL 类重构现有的 Elasticsearch URL 代码。

## 9.9.2 将 CSS 存放到单独的文件里
Extract CSS into a Separate File

目前，webpack 将 b4 应用的所有 CSS 都编译到 `dist/bundle.js` 文件中。但实际开发中，最好将 CSS 与 JavaScript 文件分开存放。

本练习要求你配置 webpack，使用 `extract-text-webpack-plugin` 模块创建一个单独的 CSS 文件。使用 npm 安装该模块的方法如下：

```
$ npm install --save-dev -E extract-text-webpack-plugin@3.0.1
```

可以参考 `extract-text-webpack-plugin` 模块的说明信息[1]。

---

[1] https://www.npmjs.com/package/extract-text-webpack-plugin

# 第 10 章

# 使用 Node-RED 进行流式开发
Developing Flows with Node-RED

最后一章想带你看一看未来的 Node.js 编程。你也许会感到惊讶。

我们将学习使用可视化编辑器 Node-RED[1],而不是在文本编辑器里编写 JS。Node-RED 最初由 IBM 开发,现在由 JS 基金会管理[2]。它的开发者说它是可以连接物联网的可视化工具,但它的作用还不止于此。

我喜欢把 Node-RED 看成可视化的 IDE,专门用来创建异步的、事件驱动的 Node.js 程序。在 Node-RED 里,你可以拖动和放置节点(功能单元),并将节点的输入/输出端口连接起来。这些节点可以生产、消费、转换事件,就像程序流程里的一个个航点。Node-RED 可以让你直观地看到事件是如何在程序里流动的。

我们将学习使用 Node-RED 创建 HTTP API,连接 Elasticsearch。你可以使用这些技巧连接任何 RESTful web 服务。希望你像我一样喜欢 Node-RED。

现在让我们开始使用 Node-RED 安装配置本地开发环境。

## 10.1 配置 Node-RED
Setting Up Node-RED

首先,新建一个 nodered 文件夹,用于存放 Node-RED 的代码。

---

[1] http://nodered.org/
[2] https://js.foundation

然后打开终端，进入这个目录初始化 package.json。

```
$ npm init -y
```

接下来，在本地安装 node-red 包。

```
$ npm install --save --save-exact node-red@0.16.2
```

打开 package.json 文件，在 scripts 部分添加启动脚本：

```
"scripts": {
  "start": "node-red -v -u ./config -f ./config/flows.json",
  "test": "echo \"Error: no test specified\" && exit 1"
},
```

这里为 node-red 指定了几个命令行参数。-v 用于打开详细模式。-u 是 --userDir 的缩写，用于指定一个目录存储配置信息。

-f 指向一个包含流的 JSON 文件。Node-RED 中的流（flow）是引导事件流经节点网络的程序。

本章将使用流完成很多工作。首先，运行 npm start：

```
$ npm start

> nodered@1.0.0 start ./code/nodered
> node-red -v -u ./config -f ./config/flows.json

19 Jun 04:34:00 - [info]

Welcome to Node-RED
===================

19 Jun 04:34:00 - [info] Node-RED version: v0.16.2
19 Jun 04:34:00 - [info] Node.js  version: v8.1.0
19 Jun 04:34:00 - [info] Linux 4.4.0-79-generic x64 LE
19 Jun 04:34:00 - [info] Loading palette nodes
19 Jun 04:34:01 - [warn] ------------------------------------------------------
19 Jun 04:34:01 - [warn] [rpi-gpio] Info : Ignoring Raspberry Pi specific node
19 Jun 04:34:01 - [warn] ------------------------------------------------------
19 Jun 04:34:01 - [info] Settings file  : ./code/nodered/config/settings.js
19 Jun 04:34:01 - [info] User directory : ./code/nodered/config
19 Jun 04:34:01 - [info] Flows file     : ./code/nodered/config/flows.json
19 Jun 04:34:01 - [info] Server now running at http://127.0.0.1:1880/
19 Jun 04:34:01 - [info] Starting flows
19 Jun 04:34:01 - [info] Started flows
```

输出信息显示服务器在监听 1880 端口。在浏览器中打开 http://localhost:1880，如图 10.1 所示。

图 10.1　Node-RED 编辑界面

回到终端，使用 Ctrl-C 关闭服务器，接下来给 Node-RED 设置安全措施。

## 10.2　保护 Node-RED
Securing Node-RED

默认设置下，Node-RED 没有任何安保措施，谁都可以通过 TCP 1880 端口在你的机器上部署运行代码。这是非常严重的安全问题。

第一个解决方法是用防火墙阻止外部对该端口的访问。Windows、Mac OS X、Ubuntu 都内置了防火墙，但默认情况下可能没有启用。

第二个解决方法是设置 Node-RED 只响应本地请求。在 Node-RED 建立的配置文件夹中打开 settings.js 文件，找到如下设置：

```
// By default, the Node-RED UI accepts connections on all IPv4 interfaces.
// The following property can be used to listen on a specific interface. For
// example, the following would only allow connections from the local machine.
// uiHost: "127.0.0.1",
```

去掉 uiHost 前面的注释符,启动 Node-RED,它就只会接受来自本地的连接。

如果只在本地运行 Node-RED,两种解决办法都可行。如果想远程使用 Node-RED,则要配置 HTTPS,设置权限,具体方法请参考 Node-RED 的项目说明[1]。

完成了安全设置,现在可以开发 Node-RED 流了。

## 10.3 开发一个 Node-RED 流
Developing a Node-RED Flow

Node-RED 的程序称为流。例如,Hello World 的流有一个按钮,点击后会在 debug 控制台输出一个时间戳。现在就从这个简单的流开始,带你熟悉 Node-RED 的界面,然后开发 HTTP API。

Node-RED 界面的左侧面板分类显示了各种用于组成流的节点。

输入(input)节点是进入系统的入口事件。输入节点的右侧有一个突出的灰色小矩形。这个灰色小矩形是一个输出端口(output port)。

把鼠标放在节点上,会弹出介绍节点的信息(见图 10.2)。

图 10.2 输入节点的介绍信息

从左侧面板拖动 inject 节点放到中间的流编辑器里,这样就创建了一个 inject 节点。刚刚创建的节点带有橙色的边框,表明它已被选中,此时右侧面板会显示该节点的详细信息(见图 10.3)。

---

[1] https://nodered.org/docs/security

节点右上角有一个蓝点,表明该节点还未部署。在编辑器里修改流不会立即生效,要点击红色的部署(Deploy)按钮才会生效。

图 10.3　创建一个输入节点

Node-RED 有三种不同的部署选项,从完全部署到只部署变更节点(见图 10.4)。本章只使用完全部署。

图 10.4　三种不同的部署选项

点击完全部署,顶端会短暂显示成功部署的提示,同时节点上的蓝点会消失。

部署流就相当于使用常规的 Node.js 代码启动一个服务器。看起来没有发生变化,实际上它正在准备对事件作出回应。

现在点击节点左侧的方形按钮,会出现注入成功的提示信息(见图 10.5)。

现在已经向流中注入了一个 Node-RED 事件,但还没有设置由谁来接收这个事件,让我们为它添加一个目的地。

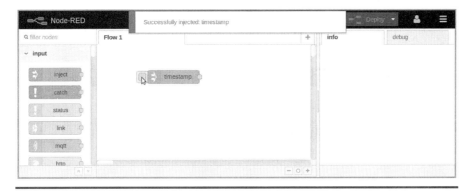

图 10.5　注入成功的提示信息

向下滚动左侧的节点面板，找到一系列 output 节点。output 节点都带有输入端口（左侧灰色的小矩形）。排在第一位的应该是 debug 节点（见图 10.6）。

图 10.6　debug 节点

拖动 debug 节点，放到流编辑器中先前的 inject 节点的右侧（见图 10.7）。

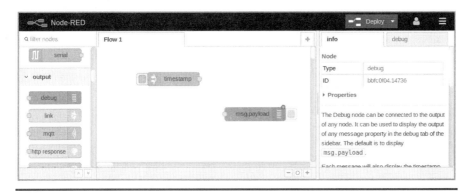

图 10.7　加入 debug 节点

拖动 inject 节点的输出端口连接到 debug 节点的输入端口（或者相反），两个节点间会出现一条灰色的曲线，表明两个节点连接起来了（见图 10.8）。

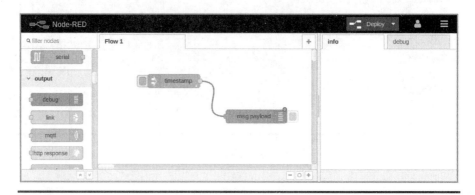

图 10.8　连接两个节点

debug 节点的输出显示在右侧的 debug 标签页。点选该标签（见图 10.9），然后部署流。

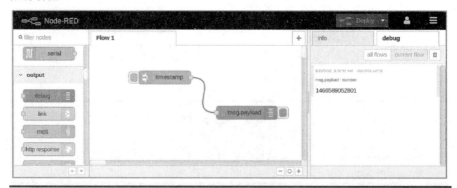

图 10.9　显示 debug 标签页

现在，点击 inject 节点左侧的按钮，会看到一个 JavaScript 时间戳记录到调试标签页。

debug 节点右侧的绿色按钮是切换（激活/关闭）按钮，切换立即生效（不必重新部署）。使用这个按钮，你不必切换到 debug 标签就能关闭 debug 节点。

双击任何一个节点都会打开该节点编辑器，它可以改变节点的设置。现在双击 debug 节点，在 Output 下拉列表中选择 complete msg object（见图 10.10）。

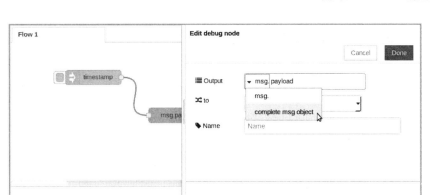

图 10.10　节点编辑器

点击 Done 按钮关闭编辑器。现在点击 inject 按钮，你将看到它在 debug 标签输出的整个 JSON 对象（见图 10.11）。

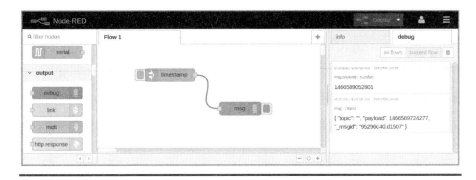

图 10.11　debug 标签显示的 JSON 对象

这样，你就创建了一个完整的流！当然，这个流很简单，它等待你点击 inject 按钮，然后在 debug 标签记录信息。

接下来要做一些更复杂的事情：使用 Node-RED 开发一个 HTTP API。

## 10.4　使用 Node-RED 创建 HTTP API
Creating HTTP APIs with Node-RED

你已经掌握了 Node-RED 的基本用法，让我们用它创建一个 HTTP 服务。

我们先创建一个简单的 Hello World 应用，然后让它查询 Elasticsearch，就像第 7 章中开发 web 服务一样。

### 10.4.1 创建一个 HTTP 端点
Establishing an HTTP Endpoint

首先创建一个新的流。点击流编辑器右上角的+按钮，创建一个新的标签页。

在屏幕右上角有一个打开主菜单的按钮。在 View 菜单中选中 Show Grid 选项，Node-RED 将在流编辑器中显示网格，方便对齐节点。

现在创建 HTTP API 流，在左侧节点面板的 input 节点下找到 http 节点。将它拖动到流编辑器（见图 10.12）。

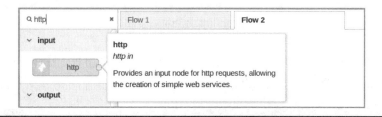

图 10.12 debug 标签显示的 JSON 对象

http 节点右上角的蓝点表明它没有被部署，节点旁边有一个橙色三角形。橙色三角形表示该节点需要配置。双击它打开节点编辑对话框。

对话框中最重要的字段是 URL。这是 Node-RED 将 API 暴露给调用者的端点。在 URL 中输入 /search。

要让 HTTP API 流正常工作，还需要一个 http response 节点。在 output 节点中找到 http response 节点（见图 10.13），将它拖入流中。

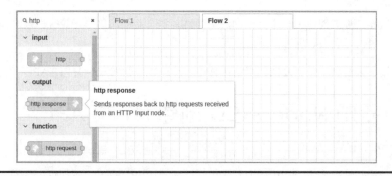

图 10.13 http response 节点

现在将 http 节点和 http response 节点连接起来（见图 10.14），然后点击部署。

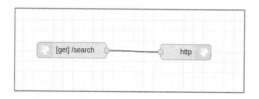

图 10.14　连接 http 节点和 http response 节点

打开终端，使用 curl 命令访问 API：

```
$ curl -i -s localhost:1880/search
HTTP/1.1 200 OK
X-Powered-By: Express
X-Content-Type-Options: nosniff
Content-Type: application/json; charset=utf-8
Content-Length: 2
ETag: W/"2-mZFLkyvTelC5g8XnyQrpOw"
Date: Thu, 01 Jun 2017 13:45:30 GMT
Connection: keep-alive
{}
```

我们打开了 curl 的 -i 选项，用于输出 HTTP 头信息。

开头的 200 OK 表明我们获得了正确的响应。最后一行输出结果是一对大括号（{}），这是一个空的 JSON 响应。

再试着访问一个不存在的 URL：

```
$ curl -i -s localhost:1880/nonsense-url
HTTP/1.1 404 Not Found
X-Powered-By: Express
X-Content-Type-Options: nosniff
Content-Type: text/html; charset=utf-8
Content-Length: 25
Date: Thu, 01 Jun 2017 13:46:10 GMT
Connection: keep-alive

Cannot GET /nonsense-url
```

如你所见，如果 API 终端未绑定，Node-RED 就会提示找不到（404）。

## 10.4.2　设置一个响应体
Setting a Response Body

现在给 /search API 添加响应体。切换到 Node-RED 编辑器，在左侧节点面板中找到 change 节点，将它添加到 http 节点与 http response 节点中间。

当你拖动 change 节点来到 http 节点与 http response 节点中间时，连线会变成虚线，表明 Node-RED 准备将此节点插入已连接节点之间（见图 10.15）。

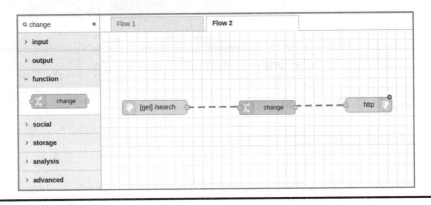

图 10.15　将 change 节点添加到 http 节点与 http response 节点之间

放下节点后，虚线再次变为实线（见图 10.16）。现在可以配置 change 节点了。

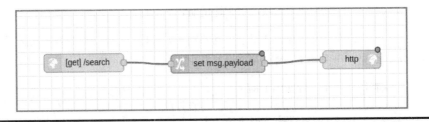

图 10.16　成功添加 change 节点

change 节点允许你修改消息对象（msg）的属性。特别是，我们要设置 payload 属性，以便将这个值返回给 http response 节点中的调用者。

双击 change 节点打开编辑对话框。这里可以添加任意数量的规则。目前我们只需要一个。在设置规则中，从 To 下拉列表中选择 JSON，然后在临近的输入框中输入 ["The Art of War"]（见图 10.17）。完成后关闭对话框，然后部署流。回到终端，再次访问这个 API。

```
$ curl -i -s localhost:1880/search
HTTP/1.1 200 OK
X-Powered-By: Express
X-Content-Type-Options: nosniff
Content-Type: application/json; charset=utf-8 Content-Length: 18
ETag: W/"12-LP05bVd5cQX35db6gakpCA"
Date: Thu, 01 Jun 2017 14:16:00 GMT
```

```
Connection: keep-alive
```

```
["The Art of War"]
```

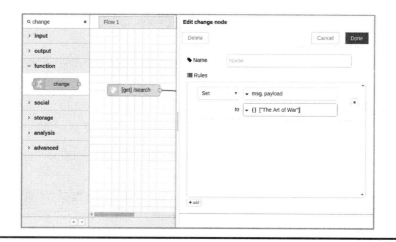

图 10.17　change 节点的编辑对话框

接下来我们要让流调用 Elasticsearch，执行查询。

## 10.4.3　调用 Elasticsearch
### Calling Out to Elasticsearch

让 HTTP 流从 Elasticsearch 获取内容涉及两个步骤。首先，要用由 API 调用者提供的查询参数创建 Elasticsearch 请求体。然后触发 Elasticsearch 请求，提取匹配文档的标题作为响应。

重新排列我们的三个节点，以便腾出空间（见图 10.18）。

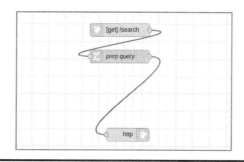

图 10.18　重新排列三个节点

当然，不管如何摆放，只要所有节点连接恰当，Node-RED 流都可以执行。这样垂直排列是为了便于查看。

接下来，双击 change 节点打开编辑对话框。我们要让 `msg.payload` 包含一个 Elasticsearch 请求体，就像在第 7.5.1 节做的那样。

下面是一个 JSON 请求体示例，请求 /_search 时，Elasticsearch 会展示索引。

```
{
  "query": {
    "match_phrase": {
      "title": "example string"
    }
  }
}
```

Elasticsearch 会查询标题字段与 *example string* 匹配的索引。有关 `match_phrase` 的用法，可以查阅说明文档[1]。

为了让 change 节点正常工作，需要构建一个像这样的 payload。记得要使用用户的查询替换 *example string*。change 节点非常灵活，允许你添加任意数量的规则依次执行。有很多种不同的方式可以完成这个工作，不限于这里的这个方法。

首先，将 Name 属性设置为 prep query。该名称将显示在流编辑器的节点上，以便于识别。

接下来，在 Rules 部分将设置规则的 msg 字段从 payload 更改为 `payload.query`。在 to 字段，从下拉列表选择 JSON，输入 `{"match_phrase":{}}`。现在我们需要做的就是设置标题字段。

在编辑对话框底部点击 +add 按钮，添加一条新规则。在第一个下拉列表中，将 Set 更改为 Move，这是为了重新定位一个属性。然后设置第一个输入为 `msg.payload.q`，第二个输入为 `msg.payload.query.match_phrase.title`。你需要从下拉菜单中选择 msg。完成后，编辑框应该如图 10.19 所示。

单击 Done 按钮关闭对话框，然后部署流。返回终端，执行以下命令：

```
$ curl -s localhost:1880/search?q=example | jq '.'
{
  "query": {
    "match_phrase": {
      "title": "example
```

---

[1] https://www.elastic.co/guide/en/elasticsearch/reference/5.2/query-dsl-match-query-phrase.html

        }
    }
}

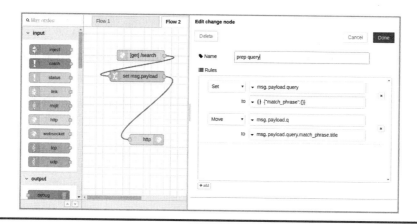

图 10.19　change 节点编辑框

很好！现在请求 Elasticsearch。在左侧节点面板的 function 节点下找到 http request 节点，将它拖放到流编辑器中原有的 prep query 节点和 http response 节点之间（见图 10.20）。

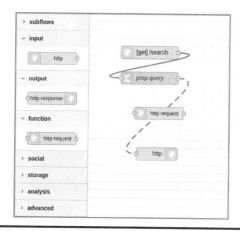

图 10.20　添加 http request 节点

放置好后，双击它打开编辑对话框，设置如下内容（见图 10.21）。

- Method：POST。

- URL：http://localhost:9200/books/_search。

- Return：a parsed JSON object。

- Name：*get/books*。

这个配置将 msg.payload 发送到 Elasticsearch，并将响应作为 JSON 对象处理。

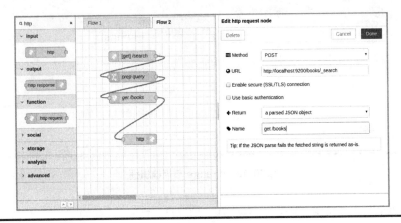

图 10.21　配置 http request 节点

点击 Done 按钮保存更改，然后部署流。现在可以尝试发送请求了：

```
$ curl -s localhost:1880/search?q=example | jq '.' | head -n 30 {
  "took": 7,
  "timed_out": false,
  "_shards": {
    "total": 5,
    "successful": 5,
    "failed": 0
  },
  "hits": {
    "total": 8,
    "max_score": 9.897307,
    "hits": [
      {
        "_index": "books",
        "_type": "book",
        "_id": "pg22415",
        "_score": 9.897307,
        "_source": {
          "id": 22415,
          "title": "The Example of Vertu\nThe Example of Virtue",
          "authors": [
            "Hawes, Stephen"
          ],
          "subjects": [
```

```
          "Poetry"
        ]
      }
    },
    {
      "_index": "books",
```

这里查询字符串 *example* 时发现了 8 个文档。我们借助 jq 使用过滤表达式 .hits.hits[]._source.title 来提取文档标题，像这样：

```
$ curl -s localhost:1880/search?q=example | jq '.hits.hits[]._source.title' "The
Example of Vertu\nThe Example of Virtue"
"Rembrandt's Etching Technique: An Example"
"An Example of Communal Currency: The facts about the Guernsey Market House" "The
Printer Boy.\nOr How Benjamin Franklin Made His Mark. An Example for Yo... "Strive
and Thrive; or, Stories for the Example and Encouragement of the You... "The Goop
Directory of Juvenile Offenders Famous for their Misdeeds and Serv... "The Goop
Directory of Juvenile Offenders Famous for their Misdeeds and Serv... "Discourses
on a Sober and Temperate Life\r\nWherein is demonstrated, by his...
```

最后一步是提取标题数组。

## 10.4.4　使用功能节点操作消息
Manipulating a Message with a Function Node

现在，你的 Node-RED 流应该能够接收请求，发给 Elasticsearch，然后将响应转发给原来的调用者。最后一步是修改 Elasticsearch 的响应，只返回我们需要的内容。为此，还要增加一个 function 节点。

在节点面板找到 function 节点，将它拖放到最后一个节点前面（见图 10.22）。

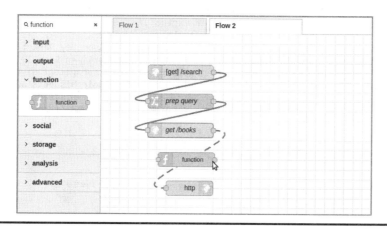

图 10.22　添加 function 节点

function 节点非常灵活，允许执行 JavaScript 脚本。双击 function 节点打开编辑对话框。将 Name 设置为 extract titles。在文本区域，输入以下内容（见图 10.23）：

```
msg.payload = msg.payload.hits.hits
    .map(hit => hit._source.title);
return msg;
```

这个函数将遍历 Elasticsearch 返回的匹配文档，并提取 title 属性。

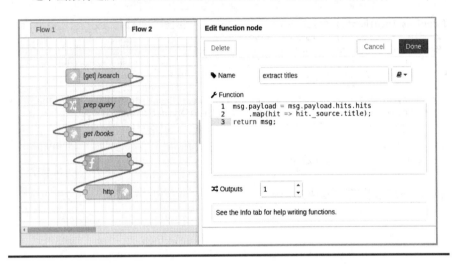

图 10.23  编辑 function 节点

单击 Done 按钮保存更改，然后部署流。使用 curl 进行测试：

```
$ curl -s localhost:1880/search?q=example | jq '.' [
  "The Example of Vertu\nThe Example of Virtue",
  "Rembrandt's Etching Technique: An Example",
  "An Example of Communal Currency: The facts about the Guernsey Market Hous...
  "The Printer Boy.\nOr How Benjamin Franklin Made His Mark. An Example for ...
  "Strive and Thrive; or, Stories for the Example and Encouragement of the Y...
  "The Goop Directory of Juvenile Offenders Famous for their Misdeeds and Se...
  "The Goop Directory of Juvenile Offenders Famous for their Misdeeds and Se...
  "Discourses on a Sober and Temperate Life\r\nWherein is demonstrated, by h...
]
```

如果你看到这样的结果，说明成功了。

如果用户不提供查询参数呢？如果 Elasticsearch 没有返回结果呢？接下来我们将处理这些极端的情况。

## 10.5　处理 Node-RED 流中的错误
Handling Errors in Node-RED Flows

使用 Node-RED 编程的缺点之一是，发生问题时很难追踪。本节将解决 book-search API 可能会遇到的错误。

### 10.5.1　触发错误
Triggering an Error

先看看 API 调用者省略查询参数 q 会发生什么。在终端中输入以下命令：

```
$ curl -i -v localhost:1880/search
*   Trying 127.0.0.1...
* Connected to localhost (127.0.0.1) port 1880 (#0) > GET /search HTTP/1.1
> Host: localhost:1880
> User-Agent: curl/7.47.0
> Accept: */*
>
```

从输出中可以看到 Node-RED 监听 1880 端口，收到底层的 TCP 连接，然后 curl 发出一个 HTTP 请求到 /search，但之后 Node-RED 没有返回任何数据，甚至没有 HTTP 头信息。这是怎么回事？

为了找到答案，回到浏览器在右侧查看 debug 选项卡。你会看到一条错误消息 `"TypeError: Cannot read property 'hits' of undefined"`。将鼠标放在该消息上，定位的节点是 function 节点，同时流编辑器中会显示橙色的虚线框（见图 10.24）。

图 10.24　debug 信息与提示

问题似乎出在输入到 function 节点之间。看起来 `msg.payload.hits.hits` 表达式的某些部分存在问题。让我们使用调试节点进行排查。

### 10.5.2 排查错误
Investigating an Error

在节点面板中找到 debug 节点，将它拖到流编辑器中，连接到 http request 节点的输出端（见图 10.25）。

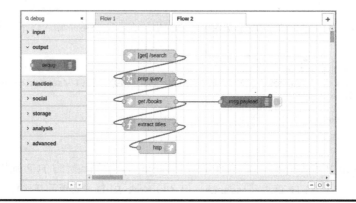

图 10.25 添加 debug 节点

以后，Node-RED 再接收到请求时，会将信息记录到 debug 标签页。部署流，然后回到终端。

使用 Ctrl-C 终止之前的 `curl` 命令，然后再次运行 `curl` 命令。应该产生与之前一样的结果，返回浏览器后可以在 Debug 标签页看到一个扩展的对象（见图 10.26）。

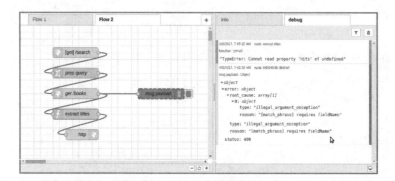

图 10.26 debug 节点的调试信息

将鼠标放在调试信息上，debug 节点周围会出现红色虚线框。在控制台查看调试中的 `msg.payload` 对象，会发现找不到 `payload.hits` 字段。倒是有一个 `type` 为 `illegal_argument_exception`，`reason` 为 `[match_phrase] requires fieldName` 的 error 字段。

这很奇怪，因为 prep query 节点的工作之一就是设置 `match_phrase.title` 字段。让我们将 debug 节点连接到 prep query 节点的输出端。你可以点击右上角的垃圾桶按钮清除 debug 信息。

部署更改后，再次运行 `curl`，然后回到浏览器。这次你应该会看到更多的调试信息，包括 output 节点和 prep query 节点（见图 10.27）。

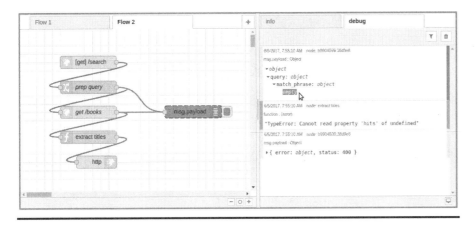

图 10.27　更详细的调试信息

展开 prep query 输出，注意 `match_phrase` 字段是空的。它的 `title` 字段丢失了！

这个先前创建的 prep query 节点（change 节点）有两条规则。第一条规则成功地将 `msg.payload.query` 对象设置为 JSON `{"match_query":{}}`。但第二条规则却失败了，无法移动 `msg.payload.q` 属性，因为该属性不存在！

下面让我们来修复它。

## 10.5.3　一般错误处理
Handling Errors Generically

因为缺少参数 q，所以 HTTP 流失败了。通过调试，我们大概知道了原因。这里有几种方法解决这个问题。

- 发现缺少 q 参数，返回 HTTP 400（错误请求）响应给 API 调用者。
- 发现 Elasticsearch 结果中没有匹配字段，跳过提取标题步骤。
- 发现任何错误都返回 HTTP 500（服务器错误）响应给 API 调用者。

这些方法不是相互排斥的。让我们从最一般的方法开始，返回 HTTP 500。

在节点面板中，找到 input 下的 catch 节点，将它拖到流编辑器中。接下来，将一个 http response 节点拖到编辑器中并将其连接到 catch 节点（见图 10.28）。

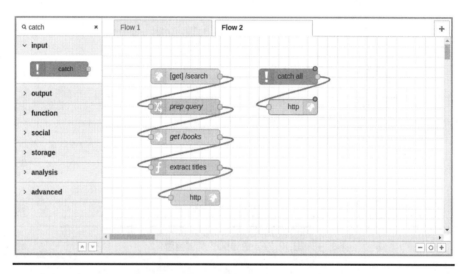

图 10.28　添加 catch 节点和 http response 节点

严格来说，可以复用已有的 http response 节点，而不必引入一个新的，但我觉得这样做更便于查看效果。

部署流后，流中的任何未处理的错误条件都会触发 catch 节点。如果 msg 对象关联了一个 http response 对象，那么附加的 http response 节点将回复 API 调用者。

在终端中试一下。这次，将 curl 的输出传递给 jq（可参考第 6.4 节）。

```
$ curl -s localhost:1880/search | jq '.' {
  "error": {
    "root_cause": [
      {
        "type": "illegal_argument_exception",
        "reason": "[match_phrase] requires fieldName"
```

```
      }
    ],
    "type": "illegal_argument_exception",
    "reason": "[match_phrase] requires fieldName"
  },
  "status": 400
}
```

很好！至少 curl 请求不会再没有响应了。

接下来，让我们再做一点改进。

### 10.5.4 尽早发现错误
Catching Errors Early

现在，如果调用者省略了 q 参数，流不再无限期地挂起。这是一个很大的改进，但我们还可以做得更好。如果 API 调用者没有提供 q 参数，那么没必要一路请求到 Elasticsearch，应该直接返回 HTTP 400 错误请求响应给 API 调用者。

在流编辑器中，将[get] /search 输入节点与 prep query 节点拉开一点，腾出空间给 q 参数检查节点（见图 10.29）。

在节点面板中，找到 function 中的 switch 节点，将它拖动到[get] /search 节点下面。switch 节点可以沿不同的路径发送消息，就像 JavaScript 中的 switch 语句一样。

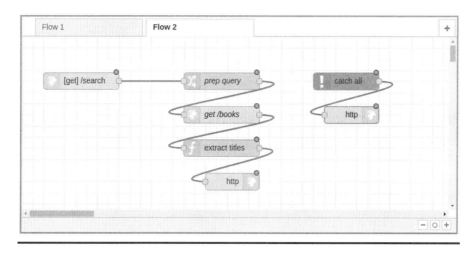

图 10.29　调整节点的布局

双击 switch 节点打开编辑对话框。将 Name 字段设置为 q?，表明我们正在测试 q 参数。将 Property 字段设置为 `msg.payload.q`。

Name 和 Property 字段下方可以指定路由规则。在第一条规则中，点击下拉菜单选择 is not null。

接下来，点击+add 按钮插入第二条规则，单击下拉菜单，选择 otherwise。

最后，在最底部的下拉菜单中选择 stopping after first match。完成后，编辑对话框应如图 10.30 所示。

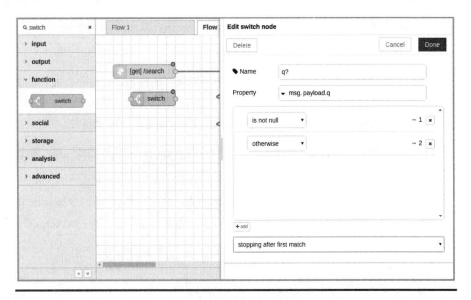

图 10.30　配置 switch 节点

单击完成后，switch 节点现在应该有两个输出端口（对应两个条件）。第一个输出对应 is not null 的情况，我们想将它连接到 prep query 节点。switch 节点的输入应该是它上面的 HTTP 输入节点的输出。

针对另一个 switch 条件，我们还需要新建一个 change 节点，设置为 HTTP 400 错误请求响应。将 change 节点拖到 switch 节点下面，将它的输入连接到 switch 的输出。双击 change 节点打开编辑对话框。

将 change 节点的 Name 设置为 400。在 Rules 部分，将 `msg.payload` 设置成 JSON 字符串`{"error":"Query string 'q' missing."}`。然后添加第二条规则，将 `msg.statusCode` 设置为数字 400。http response 节点将用它返回 400 错误请求状

态码。

完成后,节点编辑器应如图10.31所示。

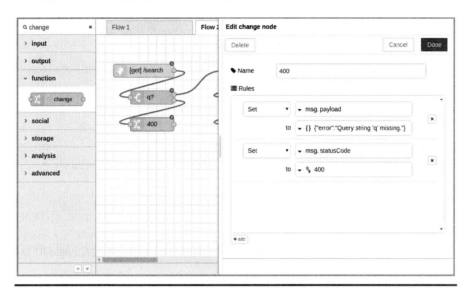

图 10.31　配置 change 节点

点击完成关闭对话框。还需要再添加一个 http responses 节点,连接在 400 节点后面。然后部署流。现在流应该如图 10.32 所示。

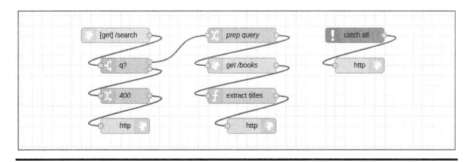

图 10.32　最终的流

在终端中,再次使用 curl 命令,看看有什么反应。

```
$ curl -s localhost:1880/search | jq '.'
{
  "error": "Query string 'q' missing."
}
```

很好！让我们再确认一下它能否返回预期的查询结果。

```
$ curl -s localhost:1880/search?q=juliet | jq '.'
[
  "Romeo and Juliet",
  "The Indifference of Juliet",
  "Romeo and Juliet",
  "Romeo and Juliet",
  "Romeo and Juliet",
  "The Tragedy of Romeo and Juliet",
  "Shakespeare's Tragedy of Romeo and Juliet"
]
```

成功了！

## 10.6  小结
Wrapping Up

Node-RED 是事件驱动的可视化开发工具。本章学习了运行和配置 Node-RED，并开发了几个流。

我们使用 http input 和 http response 节点，建立了简单的 HTTP 服务。通过迭代添加节点，学习如何操纵消息的有效负载。使用 http request 节点向 Elasticsearch 发出一个异步请求，还使用 function 节点提取部分结果转发给 API 调用者。

我们使用 catch 节点来保证 API 调用者在出问题时可以获得响应。还学习了使用 switch 节点处理错误。

希望你喜欢这本书。祝一切顺利！

# 附录 A

# 配置 Angular 开发环境
## Setting Up Angular

附录 A 介绍如何使用 webpack、TypeScript、Angular[1] 搭建基本的项目框架，以便为 Node.js 应用开发前端页面。

如果你对 Angular 还不熟悉，我建议先阅读 Angular 网站上的教程 Tour of Heroes[2]。

即使是配置一个基本的 Angular 应用开发环境，也需要做大量的初始化工作。Angular 官方推荐使用 quickstart 进行本地开发[3]。虽然 quickstart 是使用 Angular 最便捷的方式，但它不会告诉你如何将 Angular 和 webpack 连接起来。

在随书代码中，你可以看到一个 extra 目录。其中有一个叫 angular-webpack 的子目录，包含一个使用 webpack 构建的简单 Angular 项目。

像其他 webpack 项目一样，angular-webpack 项目需要通过 webpack-dev-server 运行。如果你有兴趣，可以运行一下试试。

下面是使用 webpack 构建的最简单的 Angular 项目，你可以将它作为参考，或者作为项目的脚手架。

```
$ cd angular-webpack
$ npm start

> angular-webpack@1.0.0 start ./extra/angular-webpack
```

---

[1] http://angular.io/
[2] http://angular.io/tutorial
[3] http://angular.io/guide/setup

```
> webpack-dev-server

Project is running at http://localhost:61100/
webpack output is served from /
Content not from webpack is served from ./extra/angular-webpack/dist
ts-loader: Using typescript@2.3.2 and ./extra/angular-webpack/tsconfig.json
Hash: 976f663472a8a9ae69c7
Version: webpack 2.4.1
```

让我们来看一下 angular-webpack 项目的目录结构。

```
$ tree -I node_modules --dirsfirst
.
├── src
│   ├── app
│   │   ├── app.component.html
│   │   ├── app.component.ts
│   │   └── app.module.ts
│   ├── index.html
│   ├── main.ts
│   ├── polyfills.ts
│   └── vendor.ts
├── package.json
├── package-lock.json
├── tsconfig.json
└── webpack.config.js
```

Angular 建议将源代码放在 src 目录中。顶层文件通常为一些配置文件。

src 目录下的三个 .ts 文件是 webpack 配置中的入口文件。相比将所有的 JavaScript 和 CSS 打包到一个 bundle.js 文件中,Angular 推荐将它们分开存放[1]。

以下是 src 目录下所有顶级文件的简介,以及它们在应用程序中的作用。

- index.html:这是一个基本模板,HtmlWebpackPlugin 通过它来加载应用的入口组件。它包含一个 `<my-app>` 标签,用来启动应用的其余部分。
- main.ts:前端代码的入口文件。
- polyfills.ts:Angular 使用了新的浏览器特性,这些特性并不一定被所有浏览器支持。通过 polyfills.ts 加载相关的 polyfill 实现。
- vendor.ts:这个文件包含项目所需的底层框架和一些库文件的代码。例如 Angular 和 Bootstrap。

自定义的代码都存放在 src/app 目录下,下面是这些文件的简要说明。

---

[1] http://angular.io/guide/webpack

- app.module.ts：通过@NgModule 装饰器定义 AppModule 类。这个类把所有的 Angular 单元集合在一起，例如路由和组件。
- app.component.ts：通过@Component 装饰器导出 AppComponent 类。这里实现了应用中<my-app>标签的功能。
- app.component.html：AppComponent 的 HTML 模板内容。

与 webpack 一样，Angular 也使用了 npm 的同伴依赖。因此，一个 Angular 项目需要依赖很多包，下面是 Angular 项目需要的包。

- @angular/common@4.4.0-RC.0
- @angular/compiler @4.4.0-RC.0
- @angular/core @4.4.0-RC.0
- @angular/http@4.4.0-RC.0
- @angular/platform-browser @4.4.0-RC.0
- @angular/platform-browser-dynamic @4.4.0-RC.0
- @angular/router @4.4.0-RC.0
- @types/node @8.0.28
- core-js @2.5.1
- reflect-metadata@0.1.10
- rxjs @5.4.3
- typescript @2.3.2
- zone.js @0.8.17

以@angular 开头的包是 Angular 项目的一部分。其他的包是 Angular 所依赖的，TypeScript 类型允许 Angular 在 Webpack 环境下编译。

至于 Webpack，需要为它安装下面这些依赖。

- angular2-template-loader @0.6.2
- css-loader @0.28.0

- file-loader @0.11.1
- html-loader @0.5.1
- html-webpack-plugin@2.28.0
- style-loader @0.16.1
- ts-loader @2.0.3
- url-loader @0.5.8
- webpack @2.4.1

angular2-template-loader 插件用来处理 Angular 组件引入的外部 html 模板文件，就像之前提到的 app.component.ts 和 app.component.html。剩下的包我们在第 8 章详细讨论过。

tsconfig.json 和 webpack.config.js 中的配置在使用 Angular 时有一些细微的变化。先看 tsconfig.json 文件有哪些不同：

```
{
  "compilerOptions": {
    "outDir": "./dist/",
    "sourceMap": true,
    "module": "CommonJS",
    "target": "ES5",
    "allowJs": true,
    "alwaysStrict": true,
    "lib": ["ES2016", "DOM"],
    "experimentalDecorators": true,
    "types": [ "node" ],
    "typeRoots": [ "../node_modules/@types" ]
  }
}
```

lib 选项中为 Angular 配置了 ES2016，因为它依赖一些新的 JavaScript 特性，比如 Map。添加 Polyfills 以支持一些丢失的特性，不过 TypeScript 需要知道哪些特性是正确的。

experimentalDecorators 允许使用@NgModule、@Component 以及其他 Angular 依赖的装饰器。如果没有设置这一项，TypeScript 在编译时会抛出错误。

最后，types 和 typeRoots 在处理 require()函数时是必需的。尽管依赖通常都是通过 import 关键字引入的，但是有时候需要使用 require()动态引入依赖。src/polyfills.ts 文件包含了示例代码。

再来看 webpack.config.js，有两处修改值得注意，首先是 .ts 文件的处理方式，处理规则如下：

```
rules: [{
  test: /\.ts$/,
  use: [ 'ts-loader', 'angular2-template-loader' ],
},{
```

angular2-template-loader 需要放在数组的最后，这表示组件模板（在 @Component 装饰器的 templateUrl 属性中指定）会正确地引入进来。

另一项修改是添加了一个新的插件：

```
new webpack.ContextReplacementPlugin(
  /angular(\\|\/)core(\\|\/)@angular/,
  path.resolve(__dirname, '../src')
},
```

webpack.ContextReplacementPlugin 提供了一种方法告诉 webpack 如何解析动态源文件的位置。如果没有这个插件，webpack 会以为支持 Angular 需要依赖更多的包。它保证了在打包时只用引入最少的依赖。

熟悉这个 angular-webpack 框架后，就可以在你的 Node.js 项目中使用 Angular 进行前端开发了。

# 附录 B

# 配置 React 开发环境
# Setting Up React

React 是 Facebook 推出的前端视图层框架[1]。这里，你会学习如何在 Node.js 项目中引入它。至于 React 的详细用法，我推荐学习 Tic-Tac-Toe 教程[2]。

好在开始使用 React 时并不需要写很多代码，你需要的只是一个转译器。React 通常依赖 babel 进行转译，但这里我们将使用 TypeScript，以保持本书中 UI 代码的一致性。React 和 TypeScript 的区别在第 8.5 节已经介绍过。

在随书代码中，找到名为 `extra/react-webpack` 的目录。这个目录包含一个非常简单的 React 项目，它是使用 webpack 和 TypeScript 构建的。

和本书中其他 webpack 项目一样，`react-webpack` 项目通过 `webpack-dev-server` 运行。如果你有兴趣的话，可以运行它看看效果。

```
$ cd react-webpack
$ npm start

> react-webpack@1.0.0 start ./extra/react-webpack
> webpack-dev-server

Project is running at http://localhost:61200/
webpack output is served from /
Content not from webpack is served from ./extra/react-webpack/dist
ts-loader: Using typescript@2.3.2 and ./extra/react-webpack/tsconfig.json
Hash: 810e5499eb5e676ce562
Version: webpack 2.4.1
```

---

[1] https://facebook.github.io/react/
[2] https://facebook.github.io/react/tutorial/tutorial.html

这是一个使用 webpack 构建的最简单的 React 项目。你可以将它作为参考，或者作为项目的脚手架。

项目结构如下。

```
$ cd react-webpack
$ tree -I node_modules --dirsfirst
.
├── src
│   ├── index.html
│   ├── index.tsx
│   └── vendor.ts
├── package.json
├── package-lock.json
├── tsconfig.json
└── webpack.config.js
```

首先看看存放源码文件的 src 文件夹（这也是 React 项目的惯例）。

src/vender.ts 文件包含了 Bootscript 的 CSS 和 JavaScript 代码的链接。这样 webpack 会为这些资源创建一个单独的 bundle 文件。想了解更多细节，可以参考 webpack 有关 code splitting 的文档[1]。

接下来是 index.tsx 文件。这是应用程序的入口文件。它把所有的 React 组件组合在一起，并注入 index.html 定义的特定元素下。HtmlWebpackPlugin 使用 index.html 作为模板加载应用的主要组件。

这里使用了 .tsx 而不是 .ts，原因是 React 使用了 JSX，因而可以在 JavaScript 文件里写 Html 风格的内容[2]。TSX 是 TypeScript 风格的 JSX。

要使用 TypeScript 构建基于 React 的项目，需要在项目中安装以下包。

- @types/react @16.0.5
- @types/react-dom@15.5.4
- react @15.6.1
- react-dom@15.6.1
- typescript @2.3.2

由于 React 采用 JavaScript 进行开发，所以 TypeScript 类型单独实现并分布在

---

[1] https://webpack.js.org/guides/code-splitting/#src/components/Sidebar/Sidebar.jsx
[2] https://facebook.github.io/react/docs/introducing-jsx.html

以 @types/ 为前缀的包中。

至于 webpack，需要为它安装下面这些依赖。

- css-loader @0.28.0
- file-loader @0.11.1
- html-webpack-plugin@2.28.0
- style-loader @0.16.1
- ts-loader @2.0.3
- url-loader @0.5.8
- webpack @2.4.1
- webpack-dev-server @2.4.3

tsconfig.json 不需要做任何特殊处理去支持 React，保持与第 8 章一致即可。不过，webpack.config.js 需要一点微小的调整，在 rules 部分，将 test 那一行的 .ts 文件扩展名改成 .tsx 即可。

```
rules: [{
  test: /\.tsx?$/,
  loader: 'ts-loader',
},{
```

经过这些修改，你可以在 Node.js 项目中使用 React 进行前端开发了。

# 索引
# Index

## SYMBOLS

"" (double quotes), wrapping queries in, 142
#! notation, 21, 117
$ (Cheerio), 93
$ global variable, 196
'' (single quotes), wrapping queries in, 142
() parentheses, arrow-function expressions, 13, 19
+ (unary plus), 94
. (dot), jq queries, 127
... syntax (rest parameters), 67
/ (forward slash)
　hashChange navigation, 205
　routes with Express, 177
: (colon)
　CSS, 94
　order hierarchy in nconf, 154
<> (angle brackets), command arguments, 120
?: (ternary operator), 125
[] (square brackets)
　command arguments, 120
　Elasticsearch query results, 135
\ (backslash)
　continuing line in Elasticsearch, 137
　escaping, 94
^ (caret), in version numbers, 45

_ (underscore)
　in Elasticsearch, 128
　order hierarchy in nconf, 153
` (backtick), 15
{} (curly braces)
　arrow-function expressions, 17
　computed property names, 158
　destructuring assignment, 159
　object constructors, 129
| (pipe operator), 129
~ (tilde), in version numbers, 46

## DIGITS

200 OK code, 268
201 Created HTTP code, 133, 170
400 Bad Request code, 159, 278, 280–283
403 Forbidden code, 248, 250
404 Not Found code, 159, 251, 268
409 Conflict code, 179, 183
500 Server Error code, 278
502 Bad Gateway code, 158

## A

action(), 120
addon code, 56
alert() template, 203, 213
alerts, styling with Bootstrap, 195
alias(), 125

aliasing
　commands in Elasticsearch, 125
　localhost, 220, 224
_all key, 128
._all.primaries filter, 129
all() (Promises), 178
allowjs compiler option, 199
alwaysStrict compiler option, 199
angle brackets (<>), command arguments, 120
Angular, xvi, 285–289
angular2-template-loader plugin, 288
Apache 2.0 license, 56
Apache Lucene, 112
app ID
　Facebook, 234, 237
　Google, 243, 245
　Twitter, 241
app directory, 199, 221
app secret
　Facebook, 235, 237
　Google, 243, 245
　Twitter, 241
app.component.html file, 287
app.component.ts file, 287
app.module.ts file, 287
AppComponent class, 287
AppModule class, 287
argument vector, 15
arguments
　adding commands, 120
　argument vectors, 15

command-line program with Commander, 118
configuration settings in nconf, 153
default parameters, 112
functions without, 13
reading command-line, 15
argv, 15
arrays
Elasticsearch query results, 135
extracting keys with jq, 127–130
parsing RDF files, 95
arrow-function expressions, 13, 17, 19
assert module, 47, 85
assert(), 85
assets
bundling, 187
static assets and CSS, 192
assignment
backwardisms, 7
destructuring assignment, 147, 159, 164, 178, 248
async functions
about, 147, 220
Better Book Bundle Builder routes, 171–181
Better Book Bundle Builder user interface, 185
defined, 171
syntax, 173
async keyword, 172–173
attributes
CSS attribute selectors, 98
reading data from, 93
Atwood, Jeff, xvi
authentication
Facebook, 219, 224, 227–230, 234–239
Google, 219, 224, 227–230, 242–246
Node-RED, 262
OAuth, 224, 243–246
Passport, 229–246
route checks, 247
session management with Express, 225–228, 231–233

Twitter, 219, 224, 227–230, 240–242
UI elements, 220, 227–230, 234–246, 251–252
await, 172–173, 175–176, 178, 214

## B

B4, *see* Better Book Bundle Builder
b4 directory, 220
b4-final directory, 220
b4-initial directory, 220
Babel, 197, 291
backslash (\)
continuing line in Elasticsearch, 137
escaping, 94
backtick (`), 15
backwardisms, 7
behavior-driven development (BDD), 43, 85–90, 92–98
Better Book Bundle Builder, *see also* Bootstrap; user interface
adding book to bundle, 177–181
adding new bundles, 212–215
adding search APIs, 155–161
async functions, 171–181, 185
authentication, 219, 224, 227–246
bonus tasks, 216, 257
book bundle identifiers, 169
code for this book, 216
configuring, 152–154, 156
creating book bundles, 169
deleting book from bundle, 182
deleting bundles, 182, 210, 217
deployment, 219, 253–256
encapsulating routes, 246–252
extracting data with Cheerio, 91–103
extracting text bonus task, 216
forms, 212–215
full app setup, 220–224

implementing views, 208–211
links for book bundles, 229
listing bundles, 208–211, 248–252
listing objects in a view, 207–211
manipulating documents, 167–181
modular service with Express, 151–154
monitoring with nodemon, 155
with Node-RED, 270–283
processing files sequentially, 100–103
procuring data for, 83–85
retrieving bundles, 173, 208
running in production mode, 255
session management, 225–228, 231–233
setting bundle name, 175–177
simplifying code flow with Promises, 161–167
suggestions API, 161–167
user interface and errors, 252
user interface navigation, 205–207
user interface setup, 185–192
user interface template with Handlebars, 201–204, 208, 210, 213
user interface transpiling, 197–201
user interface with Express Routers, 251–252
bind, ØMQ, 62
book bundles, *see* Better Book Bundle Builder
Bootstrap
about, 186, 192
columns, 210
components, 195
forms, 212–215
importing when transpiling, 201
JavaScript and jQuery, 196
React, 292
resources, 195
Social Bootstrap, 220, 227

social sign-in buttons, 220, 227
user interface setup, 192–197
Buffer, 18–19
buffers
custom module for networking, 39–43
data events, 40–42
defined, 19
output from EventEmitter, 18–19
reading and writing files asynchronously, 20
toString() and, 19
Bulk API (Elasticsearch), 101, 130–133
bundles, *see* Better Book Bundle Builder
bundling
assets, 187
webpack bundles, 190–192

## C

cache directory, 83
callbackURL, 237
callbacks, in event loop, 6
caret (^), in version numbers, 45
_cat options, 123
cat.js, 21
catch node, 279
.catch() (Promises), 161, 164, 170–171
certificate files, 223
Chai
about, 82
advantages, 85
behavior-driven development (BDD), 85–90, 92–98
declaring expectations, 86, 95
installing, 86
resources, 109
syntax, 95
chaining event handlers, 22
change nodes, 268, 271
Cheerio, 82, 91–103, 109
child process, spawning, 16–20
child-process module, 16–20
chmod, 21, 23

Chrome DevTools, 104–108
classes
CSS, 194
extending in custom modules, 38–43
inheritance, 39
clearTimeout(), 38
click handlers, 217
client-side programs, defined, 4
client/server pattern, listening for TCP sockets, 28–32
clientID, 237, 243, 245
clientSecret, 237, 243, 245
clients
creating socket connections, 35–43
testing networking, 36–38
close event, 19, 30
cluster module, 68–73
clustering
building a cluster, 70–73
_cat options, 123
diagram, 70
Elasticsearch clusters, 113–114
Elasticsearch URL, 119
processes, 68–76
code
addon code, 56
Angular project for this book, 285
for this book, xvii, 216
as liability, 3
separating, 152, 292
simplifying code flow with Promises, 161–167
supporting, 9
transpiling, 185, 197–201
colon (:)
CSS, 94
order hierarchy in nconf, 154
columns, Bootstrap, 210
command line
Elasticsearch from, 114–121
reading arguments, 15
running Mocha tests from, 48
command(), 120
Commander module, 114–121, 138–142
compile() (Handlebars), 203
@Component decorator, 287

components
Angular, 287
Bootstrap, 195
computed property names, 147, 158
conf parameter, 154
connect()
sockets, 35
static method, 42
subscribing to publishers, 61
ØMQ, 62
connect-redis module, 254
connection parameter, binding sockets, 28
connections
automatic reconnection in ØMQ, 54, 61
creating socket client, 35–43
listening for socket, 28–32
subscribing to publishers, 61
console.log(), 13, 22, 103
const, 12, 18
constructor functions, 41
constructors, object, 129
consumer key, 241
consumer secret, 241
container class, 194
content-length, 131
cookies, 225, 232–233
copy(), 23
counter for processes, 75
CPUs, available, 72
create-index, 124
createReadStream(), 21, 131
createSecureContext(), 223
createServer(), 28, 30, 148
createWriteStream(), 21
credentials option, 232
cross-site scripting (XSS), 202
CSS, *see also* Bootstrap
attribute selectors, 98
classes, 194
extracting files bonus task, 257
extracting text bonus task, 216
parsing RDF files, 91, 94–98
pseudo selectors, 94

selectors, 91, 94–98, 195
  webpack and, 192
css-loader plugin, 192
curl, 150, 268
curly braces ({})
  arrow-function expressions, 17
  computed property names, 158
  destructuring assignment, 159
  object constructors, 129
Cygwin, xvii
CylonJS, 5

## D

-D flag, 44
data
  bonus extraction tasks, 109
  bulk importing, 101
  capturing from EventEmitter, 17–20
  continuous testing with Mocha, 82, 85–90, 92–98
  extracting with Cheerio, 91–103
  format changes, 98
  parsing RDF files, 91–103
  parsing with regular expressions, 19
  processing files sequentially, 100–103
  procuring external, 83–85
  reading data from an attribute, 93
  reading text of a node, 94
  saving with forms, 212–215
  transforming, 81–110
  writing to socket, 29–32
  XML data extraction options, 91
data URIs, 193
data directory, 83
data events
  buffers, 40–42
  creating socket client connections, 35
  message-boundary problem, 36–38
databases, see also Better Book Bundle Builder project; Elasticsearch; Project Gutenberg directory, 83

eventual consistency, 214
  format changes, 98
databases directory, 83
Date.now, 33
DEALER, ØMQ, 66–73
debug nodes, 264–266, 277–278
debugging, see also troubleshooting
  duplicate messages, 14
  Node-RED, 262–266, 276–283
  with npm, 104
  sessions, 227
  tests with Chrome DevTools, 104–108
decorators, Angular, 287–288
deepEqual(), 48
DefinitelyTyped, 198
del(), 143
delay(), 171
DELETE requests, 143, 149, 182, 218
delete(), 149, 182
deleting
  book from bundle, 182
  bundles, 182, 210, 217
  files with unlink, 23
  indices, 142
  requests in Express, 149
dependencies
  Angular, 287
  dev, 44
  import keyword and Bootstrap, 194
  peer dependencies, 185, 187–190, 192, 287
  production mode, 255
  root file, 189
  saving, 44, 57
  transpiled, 199
  types, 44
  ØMQ, 57
deployment, 219, 253–256
describe(), 47, 87
deserializeUser(), 230
deserializing, with Passport, 230, see also serializing
destructuring assignment, 147, 159, 164, 178, 248
dev dependencies, 44
devServer object, 191
development.config.json file, 221

directories
  Angular, 286
  cache, 83
  data, 83
  databases, 83
  exporting modules, 40
  front-end code, 199
  full Better Book Bundle Builder app setup, 220
  Mocha unit tests, 47, 86
  Node-RED, 260
  output, 191
  sessions, 227
  transpiling, 199
  walking directory tree, 102
  webpack, 190–191
dist directory, 191
done(), 230
dot (.), jq queries, 127
dot syntax for rest parameters (...), 67
double quotes (""), wrapping queries in, 142

## E

-e flag (evaluate string), 58
E flag (save exact version), 45
{{#each}} expression in Handlebars, 211
EADDRINUSE error, 32
echo, 12
ECMAScript
  arrow functions, 13
  async functions, 171
  Babel, 197
  default parameter, 119
  import keyword, 194
  rest parameters, 67
  strict mode, 12
  template strings, 202
  transpiling, 197, 199
ECONNRESET error, 75
Elasticsearch
  about, xv, 109, 111–112
  adding book to bundle, 177–181
  adding single document, 143
  aliasing commands, 125
  async handler function, 172–181
  bonus tasks, 142, 257
  bulk importing, 101
  clusters, 113–114

command-line program, 114–121
deleting indices, 142
errors, 158, 164, 179
eventual consistency, 214
with Express Router, 247–252
fetching JSON over HTTP, 121–126
filtering queries, 134–138
help options, 118
implementing views, 208–211
index creation, 123
inserting documents in bulk, 130–133
installing, 113
listing indices, 125
manipulating documents, 167–181
modular service with Express, 151–154
with Node-RED, 270–283
overriding host, 154
parsing RDF files, 101–103
querying, 133–142
querying with Node-RED, 270–275
querying with search APIs, 155–162
Request Body Search API, 157
resources, 114, 136, 144, 271
saving data with forms, 212–215
Search Suggesters API, 163
shaping JSON with jq, 126–130
simplifying code flow with Promises, 161–167
'_stats', 127–130
underscore (_) in, 128
URLs, 119–121, 124
version, 114
webpack dev server proxy, 208
{{else}} expression in Handlebars, 210
EMFILE error, 75
endpoints
automatic reconnection in ØMQ, 54, 61
clustering processes, 70–73
creating in ØMQ, 60–61
defined, 28
Elasticsearch and HTTP, 114
establishing with Node-RED, 267–268
REP/REQ pair, 64
entry property, 189
environment variables
configuration settings in nconf, 153
development or production mode, 219, 223
EPIPE, 103
err, 20, 164
Error object, 20
errors
bulk data processing, 103
in code examples, xvii
Elasticsearch, 158, 164, 179
EventEmitter, 20, 22
Express, 183
file descriptors and connection, 75, 158
halting processes and, 16
Node-RED, 276–283
Promises, 167, 172–174, 178
request() with Express, 158
user interface, 252
watcher example, 15
ØMQ bonus tasks, 76
esclu project module
adding single document, 143
aliasing commands, 125
bonus tasks, 142
creating Elasticsearch index, 123
creating command-line program, 114–121
fetching JSON over HTTP, 121–126
help options, 118
inserting documents in bulk, 130–133
listing indices, 125
querying, 133–142
shaping JSON with jq, 126–130
URLs, 119–121, 124
version, 118
event handlers, chaining, 22
event listeners, adding, 19
event loop
backwardisms, 7
blocking with synchronous file access, 22
delays for testing, 49
diagram, 6
understanding, 6–8
watcher program, 11–20
EventEmitter
about, 17
capturing data from, 17–20
errors, 20, 22
extending in custom module for networking, 39–43
reading and writing files asynchronously, 20–23
eventual consistency, 214
exit event, 70
expect(), 85–90, 95
experimentalDecorators, 288
export keyword, 200
exporting
HTML strings, 200
modules, 40
Express
about, 147
adding search APIs, 155–161
advantages, 148
async handler function, 172–181
authentication with Passport, 231–233, 236, 238, 241
basic serving with, 149–151
bonus tasks, 182
configuring, 152–154, 156
errors, 183
functions, 149
implementing views, 208–211
installing, 149, 152
manipulating documents, 167–181
monitoring with nodemon, 155
Redis, 254
Routers, 220, 246–252
server.js file, 221
serving webpack assets from memory, 223
session management, 225–228, 231–233

simplifying code flow with Promises, 161–167
special characters in routes, 177
webpack dev server proxy, 208
writing modular services, 151–154
express(), 153
express-session module, 220, 225
expression interpolation, 15
extract-text-webpack-plugin module, 257
extracting
  files bonus task, 257
  keys with jq, 127–130
  text bonus task, 216
ExtractTextPlugin, 216

# F

-f flag
  Elasticsearch filter, 139
  Node-RED, 260
Facebook
  app creation, 234
  authentication, 219, 224, 227–230, 234–239
  Developers page, 234
  Flow, 197
  link, 228
  localhost, 224
  React, xvi, 291–293
fat arrow functions, see arrow-function expressions
Fetch API
  about, 209
  authentication with Passport, 232
  node-fetch module, 116
fetch()
  about, 185, 209
  authentication with Passport, 232
  credentials option, 232
  saving data with forms, 214
fetchJSON(), 232
:field parameter, 162
file command, 144
file descriptors and connection errors, 75, 158
file system, 11–25
file-loader plugin, 192
<file> parameter, 131

files, see also watcher program
  checking status, 131
  deleting with unlink, 23
  extracting files bonus task, 257
  extracting text bonus task, 216
  file system, 11–25
  file-loader plugin, 192
  processing files sequentially, 100–103
  reading and writing asynchronously, 20–23
  synchronous access, 22
FileStore, 225
--filter option, 138
filters
  Elasticsearch queries, 134–138
  extracting keys, 128
firewalls, 261
first-joiner problem, 74
FizzBuzz, xvi
Flow, 197
flows
  defined, 260
  deploying, 263
  developing, 262–266
  errors, 276–283
  -f flag, 260
Font Awesome, 220, 227
fork(), 69, 77
forking, worker processes, 69, 77
<form> tag, 212–215
forms, 212–215
forward slash (/)
  hashChange navigation, 205
  routes with Express, 177
frames, 66
frameworks, see also Bootstrap
  about, 186
  plus-plugins model, 185, 188
fs module
  adding, 30
  bonus tasks, 24
  capturing data from EventEmitter, 17–20
  other POSIX operations, 23
  reading and writing asynchronously, 20–23

reading command-line arguments, 15
setup, 12
spawning a child process, 16–20
fullUrl(), 119–121, 144
function nodes, 274, 276
functional testing
  about, 36
  networking, 36–38
functions, see also async expressions
  without arguments, 13
  arrow-function expressions, 13, 17, 19
  constructor functions, 41
  default parameter, 112, 119
  Express, 149
  as first-class citizens, 13
  jq, 129
  require and, 13

# G

Geisendörfer, Felix, 6
get, Elasticsearch, 121, 133
GET requests
  Elasticsearch, 121, 133
  Express, 149
get(), Express, 149, 249
Google
  Angular, xvi
  authentication, 219, 224, 227–230, 242–246
  Chrome DevTools, 104–108
  Cloud Platform, 242
  link, 228
  localhost, 224
graceful-fs module, 76

# H

-h option
  command-line program with Commander, 118
  watcher program, 16
Handlebars
  about, 186, 202
  forms, 213
  implementing views, 208
  session management, 228
  user interface template, 201–204, 210
handlebars-loader plugin, 202

hashChange navigation, 205–207
head, 103
headers
  curl output, 150, 268
  length, 131
Hello World application, 149
help option
  command-line program with Commander, 118
  watcher program, 16
hits field, 134–135
hits object, 134–135
hoisting, 18
host, overriding Elasticsearch, 154
hosts
  aliasing localhost, 220, 224
  Node-RED security and localhost, 261
  overriding Elasticsearch, 154
HTML, *see also* Handlebars
  forms, 212–215
  implementing views, 208–211
  separating files for user interface, 200
  templates with Angular, 287
  transpiling with TypeScript, 200–201
  webpack bundles, 190
html-webpack-plugin module, 190
HtmlWebpackPlugin class, 191
HTTP, *see also* HTTP status codes; HTTPS; Request module
  about, 54
  API with Node-RED, 266–283
  Elasticsearch requests, 113
  fetching JSON with Elasticsearch, 121–126
  headers, 131, 150, 268
http module, 116, 121, 148
HTTP status codes
  200 OK, 268
  201 Created, 133, 170
  400 Bad Request, 159, 278, 280–283
  403 Forbidden, 248, 250
  404 Not Found, 159, 251, 268

409 Conflict, 179, 183
500 Server Error, 278
502 Bad Gateway, 158
choosing, 168
Node-RED, 267–268, 278, 280–283
security, 251
HTTPS, 223, 262
https module, 223
httpsOptions object, 223

## I

-i flag, 150, 268
I/O-bound programs, 4–5
IBM, 259
icons, Font Awesome, 227
_id field, 102, 170
--id flag, 144
{{#if}} block, session management, 228
{{#if}}{{else}}{{/if}} expression in Handlebars, 210
import keyword, 194, 288
@import statements, 193
importing
  Angular dependencies, 288
  Bootstrap, 201
  Bootstrap CSS, 194
  in bulk with Elasticsearch, 101
  custom modules, 42
  webpack, 193
--index flag, 124, 132, 138
index.html file, 286, 292
index.ts file, 221
index.tsx file, 292
indices
  adding book to bundle, 177–181
  bonus tasks, 142
  bulk file insertion, 132
  bulk importing with Elasticsearch, 101
  creating Elasticsearch, 123
  deleting, 142
  Elasticsearch URLs, 119–121, 124
  filtering, 128, 138
  listing Elasticsearch, 125
  Project Gutenberg, 119, 123, 125, 133
  querying with search APIs, 155–161

resources, 144
  writing modular service with Express, 151–154
.indices filter, 128
indices key, 128
inheritance, 39, 41
inherits(), 41
initialization phase, 23
initialize() (Passport), 231
inject nodes, 262–263, 265
input nodes, 262
input ports, 264
--inspect flag, 104
installing
  Chai, 86
  Cheerio, 92
  Commander module, 116
  curl, 150
  Elasticsearch, 113
  Express, 149, 152
  Handlebars, 202
  Java Runtime Environment, 113
  jq, 126
  jQuery, 196
  Mocha, 43, 86
  Morgan, 149, 152
  nconf module, 152
  Node-RED, 260
  Node.js, 9
  nvm, 10
  Passport, 230
  prebuilt binaries, 57
  Redis, 253
  Request module, 116
  TypeScript, 198
  ØMQ, 54–59
Internet Explorer, 209
Internet of Things, 5, 55, 259
Internet Systems Consortium, 56
IPC files, 72
isAuthenticated(), 231, 248
isDev, 226
ISC license, 56
it(), 47, 49, 87

## J

Java 8, 113
Java Development Kit (JDK), 113
Java Runtime Environment, 113

JavaScript
  about, 9
  Bootstrap, 196
  bundling with webpack, 190–192
  syntax, xvi
  transpiling, 197–201
JDK (Java Development Kit), 113
Johnny-Five, 5
jq
  Elasticsearch query results, 134–138
  filtering query commands, 140
  installing, 126
  object constructors, 129
  shaping JSON with, 126–130
jQuery, installing, 196
JS Foundation, 259
jsdom, 91
JSON
  about, 33
  authentication with Passport, 232
  basic serving with Express, 149–151
  creating object by hand bonus task, 110
  fetch() and, 209
  fetching over HTTP with Elasticsearch, 121–126
  JSON-LD, 92
  line-delimited JSON (LDJ), 34, 36, 39–43, 50
  message protocol implementation, 32–43
  message-boundary problem, 36–38, 50
  newline characters, 36
  parsing RDF files for, 84, 91–103
  querying Elasticsearch, 133–142
  serializing messages, 33–43
  shaping with jq, 126–130
  uploading documents in bulk, 130–133
  whitespace, 34
--json flag, 122
JSON for Linked Data (JSON-LD), 92
json(), 209

JSON-LD (JSON for Linked Data), 92
jsonld module, 92
JSX, 292
jumbotron class, 195

K
keys
  computed property names, 158
  extracting with jq, 127–130
  _source key, 135
keys (jq), 127–130
kill, 77

L
-l option, 16
latency and bundling assets, 187
LDJ (line-delimited JSON), 34, 36, 39–43, 50
let, 13, 18
lib compiler option, 199
lib directory
  convention for modules, 88
  exporting modules, 40
lib options (Angular), 288
Library of Congress Classification, 97, 109
Library of Congress Subject Headings, 97
licenses, 56, 187
limit parameter, 193
limited-resource problem, 75
line-delimited JSON (LDJ), 34, 36, 39–43, 50
listen, 148
listing
  bundles, 208–211, 248–252
  help options, 16
  indices, 125
  objects in a view, 207–211
load(), 93
localhost
  aliasing, 220, 224
  Node-RED security, 261
logging, with Morgan, 149, 153
logout(), 232
ls command, 16

ls variable, 18
Lucene, 112

M
main() template, 203
main.ts file, 286
map(), 96, 98
master process
  checking, 69
  clustering processes, 69–73
  first-joiner problem, 74
match_phrase, 271, 277–278
max_score field, 134
MemoryStore, 225
message value, alert boxes, 203
message-boundary problem, 36–38, 50
messages
  message protocol implementation, 32–43
  message-boundary problem, 36–38, 50
  publishing and subscribing to, 58–62
  pushing and pulling, 73–77
  responding to requests, 62–66, 68–73
  routing and dealing, 66–73
messaging, see ØMQ
methods, static, 42, see also functions
microservices, see ØMQ
Microsoft, see TypeScript; Windows
Microsoft Open Tech group, 253
middleware
  defined, 149
  Express Routers, 246
  as I/O-bound, 5
  server.js file, 221
MIT license, 56
mkdir(), 23
Mocha
  behavior-driven development (BDD), 85–90, 92–98
  continuous testing with, 82, 85–90, 92–98
  debugging, 104–108
  installing, 43, 86
  output options, 90

索引 ◀ 293

resources, 90
running tests from npm, 48
unit testing with, 43–49, 82, 85–90, 92–98
versions, 44
writing tests, 47–49
mocha command, 104
_mocha command, 104
module compiler option, 199
modules
    addon code, 56
    custom, 38–43
    defined, 13
    exporting, 40
    importing custom, 42
    modular service with Express, 151–154
    requiring, 13, 21
    separating code into, 152
monitoring with nodemon, 147, 155, 225
Morgan, 149, 152

## N

name parameter, 169
named route parameter, 149
names
    computed property, 147, 158
    name parameter for post(), 169
    named route parameter, 149
navigation, hashChange, 205–207
nc, 31–32
nconf module
    about, 147
    HTTPS and, 223
    installing, 152
    resources, 154
    using, 153–154, 156
net module, 28, 30
netcat, 30–32
networking, see also ØMQ
    creating socket client connections, 35–43
    listening for socket connections, 28–32
    message protocol implementation, 32–43
    message-boundary problem, 36–38, 50
    microservices, 53–78

publishing and subscribing to messages, 58–62
pushing and pulling messages, 73–77
responding to requests, 62–66, 68–73
routing and dealing messages, 66–73
with sockets, 27–50
testing, 36–38, 43–49
Unix sockets, 72
writing data to socket, 29–32
new Promise(), 167
newline characters, JSON, 36
nextTick, 49
@NgModule decorator, 287
--no-timeouts flag, 105
node-dir module, 102
node-fetch module, 116
node-gyp, 58
Node-RED, 259–283
    about, 259
    arranging nodes for clarity, 270, 280
    deploying flows, 263
    developing flows, 262–266
    errors, 276–283
    gridlines, 267
    HTTP API with, 266–283
    installing, 260
    node editor, 265
    security, 261
    timestamp example, 262–266
node-red package, 260
Node.js
    advantages, xi, 5
    backwardisms, 7
    development aspects, 8
    development phases, 23
    installing, 9
    map, 3
    resources, 10
    in spectrum, 5
    understanding core, 8
    uses, 3, 5
    versions, 9
Node.js Version Manager (nvm), 10
NODE_ENV environment variable, 44, 219, 223
nodemon module, 147, 155, 225

nodes
    arranging, 270, 280
    catch, 279
    change, 268, 271
    connecting, 265
    creating, 262
    debug, 264–266, 277–278
    defined, 259
    function, 274, 276
    inject, 262–263, 265
    input, 262
    node editor, 265
    output, 264
    response, 268
    switch, 281
    toggling, 265
NoSQL databases, see Elasticsearch
npm
    debugging with, 104
    installing packages with, 43, 55
    licenses, 56
    number of modules, xv
    running Mocha tests from, 48
nvm (Node.js Version Manager), 10

## O

OAuth, 224, 243–246
object constructors, 129
on()
    buffering data events, 40
    chaining event handlers, 22
    event listeners, 19
    prototypal inheritance, 41
    subscribing to publishers, 61
Open Source Initiative, 56
open source licenses, 56
operation phase, 23
order
    configuration settings in nconf, 153
    plugins, 193
os module, 72
outDir compiler option, 199
output
    buffering, 18
    curl options, 150, 268
    directories, 191
    Mocha options, 90
    output nodes, 264
    output ports, 262

output nodes, 264
output object, 191
output ports, 262
output variable, 18

## P

-p flag, 58
package-lock.json file, 44, 46
package.json file, 44, 55, 111, 221, 292
packages
  installing with npm, 43, 55
  semantic versioning, 45–46
  specifying version, 45, 57, 118
parallelism
  about, 6–7
  ØMQ, 66–76
parameters
  arrow-function expressions, 19
  default parameter, 112, 119
  destructuring assignment, 159
  query, 139
  rest parameters, 67
  ternary operator (?:), 125
parentheses (), arrow-function expressions, 13, 19
parsing
  data with regular expressions, 19
  messages in ØMQ, 63
  RDF files with Cheerio, 84, 91–103
  SAX parsers, 91
Passport
  about, 220
  authentication, 229–246
  Facebook authentication, 236–239
  Google authentication, 242–246
  resources, 231, 237, 246
  setup, 229–233
  Strategies, 234, 246
  Twitter authentication, 240–242
Passport User Profile object, 230
path
  exporting modules, 42

get (Elasticsearch), 121
OS-specific filesystem path manipulations, 219
path module, 219
path parameter, 121
pathRewrite, 208
patterns
  about, 9, 54
  PUB/SUB, 58–62
  PUSH/PULL, 73–77
  REQ/REP, 62–66, 68–73
payload property, 269
peer dependencies, 185, 187–190, 192, 287
performance
  buffers and, 19
  bulk file insertion with Elasticsearch, 132–133
  REQ/REP pairs, 66
  running continuous tests, 90
  sockets, 32
  ØMQ, 66
pipe operator (|), 129
pipe()
  bulk files, 131
  child processes, 17
plugins
  CSS, 192
  framework-plus-plugins model, 185, 188
  order, 193
  peer dependencies and, 188
plugins object, 191
plus (+), 94
polyfill implementation, 286, 288
polyfills.ts file, 286
ports
  binding server to, 28
  input ports, 264
  output ports, 262
POST requests
  compared to PUT, 124
  creating new resources, 169
  Elasticsearch queries with Node-RED, 272
  Express, 149
  inserting files in bulk, 131
  updating with forms, 214
post(), 131, 149, 169, 249

practical programming, 8
prebuild-install, 57
preventDefault(), 213
process, killing, 77
process object, 15
processes
  about, 16
  bonus tasks, 77
  checking for master, 69
  clustering, 68–76
  counter, 75
  error halting, 16
  first-joiner problem, 74
  forking worker, 69, 77
  pushing and pulling messages, 73–77
  spawning child, 16–20
--production flag, 44
production mode, running in, 44, 255
profile object, 237, 241
program object, 118
Project Gutenberg
  about, 83
  adding single document, 143
  bonus tasks, 109, 142
  creating Elasticsearch index, 123
  extracting data with Cheerio, 91–103
  fetching JSON over HTTP, 121–126
  format changes, 98
  indices, 119, 123, 125, 133
  procuring data from, 83–85
  querying, 133–142
  shaping JSON, 126–130
  uploading documents in bulk, 130–133
Promises
  about, 147
  async functions, 171–181
  authentication with Passport, 232
  creating resources, 170
  defined, 161
  fetch() as, 209
  hashChange navigation, 206
  simplifying code flow with, 161–167
property names, computed, 147, 158
protocols, defined, 33

索引 ◀ 295

prototypal inheritance, 39, 41
proxies, 207
pseudo selectors, CSS, 94
PUB/SUB pattern, 58–62
publishers, subscribing to, 60
publishing, messages with ØMQ, 58–62
PULL requests, ØMQ, 73–77
PUSH requests, ØMQ, 73–77
PUT requests
    compared to POST, 124
    creating Elasticsearch index, 123
    Express, 149
    setting bundle name, 175–177
put(), 124, 143, 149, 176

## Q

-q flag, 139
q parameter, 135, 139
query object, 157
:query parameter, 162
querySelector(), 195
querying
    B4 project, 155–161
    Elasticsearch, 133–142, 155–162, 270–275
    Elasticsearch with Node-RED, 270–275
    joining queries, 141
    number of results, 134, 157
    parameters, 135, 139, 162
    with Promises, 162
    wrapping queries in quotes, 142
queuing, see ØMQ
quitting
    nc, 31
    telnet, 31
    worker processes, 77
quotes, wrapping queries in, 142

## R

race conditions, 179, 226
Raspberry Pi, 5, 55
Raspbian, 5, 55
RDF files
    about, 92
    extracting XML data with Cheerio, 91–103
    parsing, 84, 91–103
    Project Gutenberg, 83
React, xvi, 291–293
readFile(), 20, 63
readFileSync(), 23
readFiles(), 102
reading
    command-line arguments, 15
    data from an attribute, 93
    files asynchronously, 20–23
    messages in ØMQ, 63
    piping files in bulk, 131
    text of a node, 94
    walking directory tree, 102
Redis, 220, 226, 253–256
redis-cli, 253
RedisStore, 226, 255
regular expressions, 19
reject() (Promises), 161, 164, 172
REP, see REQ/REP pattern
--reporter min option, 90
Representational State Transfer (REST), 119, see also RESTful services
req object (Express), 157, 248
req variable (Elasticsearch), 131
REQ/REP pattern, 62–66, 68–73
Request Body Search API, 157
Request module
    about, 116
    adding search APIs, 155–161
    fetching JSON over HTTP, 121–126
    inserting documents in bulk, 130–133
request()
    adding search API with Express, 158
    fetching JSON with Elasticsearch, 121–126
    with Promises, 162–166
    query command, 139
    replacing with request-promise, 167
request-promise, 167
requests
    adding search APIs, 155–161
    Elasticsearch, 113, 116, 121–126
    fetching JSON with Elasticsearch, 121–126
    inserting documents in bulk, 130–133
    with Promises, 162–166
    query command, 139
    responding to in ØMQ, 62–66, 68–73
require()
    Angular, 288
    JSON files and pulling in packages, 118
    modules, 13, 21, 24
    path and exporting modules, 42
    webpack, 193
res object (Express), 157
resave option, 226
resolve() (Promises), 161, 164, 167
Resource Description Framework files, see RDF files
resource problem, limited-, 75
resources
    Angular, 285
    for this book, xvii
    Bootstrap, 195
    Chai, 109
    Elasticsearch, 114, 136, 144, 271
    indices, 144
    Mocha, 90
    nconf, 154
    Node.js, 10
    OAuth, 246
    Passport, 231, 237, 246
    Redis, 253
    Twitter, 242
    TypeScript, 198
    webpack, 292
responders, ØMQ, 62–66, 68–73
response nodes, 268
REST (Representational State Transfer), 119, see also RESTful services
rest parameters, 67

RESTful services, *see also* Elasticsearch; Express
  about, 113, 147
  resources as JSON documents, 119
robotics, 5
root file, dependencies, 189
ROUTER, ØMQ, 66–73
Routers, Express, 220, 246–252
routes
  async functions, 171–181
  authentication with Passport, 231–233, 236, 238, 241
  encapsulating with Express Routers, 220, 246–252
  named route parameter, 149
  route checks, 247
  ØMQ, 66–73

## S

-s flag, 150
Safari, 209
--save flag, 57
--save-dev flag, 44
--save-exact flag, 45, 57
saveUninitialized, 226, 255
saving
  data with forms, 212–215
  dependencies, 44, 57
  sessions, 226, 255
sax module, 91
SAX parsers, 91
scope
  authentication with Google, 246
  this, 13
  var, 18
scope parameter, 246
scripts, 48
_search API, querying Elasticsearch, 133–142
Search Suggesters API, 163
searching, *see* querying
secret
  FileStore, 226
  Redis, 254
security
  cross-site scripting (XSS), 202
  HTTP status codes, 251

HTTPS, 223, 262
Node-RED, 261
proxies, 208
template strings, 202
selectors, CSS, 91, 94–98, 195
semantic versioning (SemVer), 45–46
send(), 60, 63
serializeUser(), 230, 237
serializing
  messages with JSON, 33–43
  with Passport, 230, 237
  ØMQ messages, 60
Server object, 28
server.js file, 221
server.listen(), 28
servers
  binding TCP port, 28
  server-side programs, 4–5
serviceUrl, 223
session() (Passport), 231
session-file-store module, 225
sessions
  about, 219
  authentication, 220, 231–233
  debugging, 227
  defined, 225
  deployment, 253–254
  directory, 227
  management with Express, 225–228, 231–233
  saving, 226, 255
  storing, 220, 253–255
  storing uninitialized, 255
sessions directory, 227
setTimeout(), 38, 49
_shards key, 128
should(), 85
showView(), 205–211, 233
SIGINT events, 64
silent output, curl, 150
Sinatra, 148
single quotes ('), wrapping queries in, 142
size
  Elasticsearch query results, 134, 157
  user interface file limits, 193

size parameter (Elasticsearch), 134, 157
Social Bootstrap, 220, 227
social sign-in, 219, 224, 227–230, 234–246
sockets, 27–50
  binding a server, 28
  clustering processes, 70–73
  creating client connections, 35–43
  diagram, 28
  endpoints, 28
  http module, 148
  listening for connections, 28–32
  message protocol implementation, 32–43
  with netcat, 30–32
  Unix, 32, 72
  writing data to, 29–32
  ØMQ, 58–76
_source filter, 136, 138
source filters, 136, 138
_source key, 135
_source object, 159
sourceMap compiler option, 199
spawn(), 17
spawning, child process, 16–20
splice(), 183, 218
square brackets ([])
  command arguments, 120
  Elasticsearch query results, 135
src directory, 286
start script, 188
stat(), 131
static assets, 192
static methods, 42
_stats, 127–130
stderr, child processes, 17
stdin, child processes, 17
stdout
  bulk processing data, 103
  child processes, 17
store option, 226
Streams
  buffering data events, 40–42
  capturing data from, 17–20
  creating streams, 21

索引 ◀ 297

inserting a single document, 144
piping files in bulk, 131
reading and writing files asynchronously, 20–23, 131
strict mode, 12, 199
stringify(), 34, 100
strings
　serializing JSON, 34
　template strings, 15, 202
style-loader plugin, 192
SUB, *see* PUB/SUB pattern
submit event, 212
subscribe(), 61
subscribing
　messages with ØMQ, 58–62
　to publishers, 60
super(), 39–40
superagent, 116
switch nodes, 281
*Sync, 22
synchronous, file access, 22

T

target compiler option, 199
TCP sockets, *see* sockets
telnet, 31
template strings, 15, 202
templates
　with Angular, 287
　directory, 200, 221
　forms, 212–215
　Handlebars, 201–204
　separating HTML files for user interface, 200
　template strings, 15, 202
templates.ts file, 200, 221
ternary operator (?:), 125
Tessel, 5
test directory, 47, 86
testing, *see also* Mocha; unit testing
　assert module, 47, 85
　bonus tasks, 50
　debugging with Chrome DevTools, 104–108
　directories, 47, 86
　networking, 36–38, 43–49
　output, 90
　production mode, 255
text(), 96

.then() (Promises), 161, 164, 170–171
this, 13
throw, 20
tilde (~), in version numbers, 46
--timeout flag, 49
timeout(), 49
timeouts
　testing network connections, 38
　unit testing with Mocha, 49, 105
timestamps
　JSON message serialization, 33
　Node-RED flow, 262–266
TLD (top-level domain) and localhost, 224
.toArray(), 96
toString()
　buffers, 19
　prototypal inheritance, 41
top-level domain (TLD) and localhost, 224
total field, 134
touch, 12
transpiling
　bundled assets and, 185
　bundling assets, 187
　defined, 197
　JavaScript, 197–201
　React, 291–293
troubleshooting, *see also* debugging
　authentication with Facebook, 239
　Node-RED, 276–283
　ØMQ installation, 59
try/catch blocks, async functions, 172–176
ts-loader plugin, 198
tsconfig.json file, 199, 221, 288, 292
TSX, 292
.tsx file extension, 292
Twitter, *see also* Bootstrap
　authentication, 219, 224, 227–230, 240–242
　creating app, 240
　link, 228
　localhost, 224
　resources, 242
type checking, 197

type field, JSON message serialization, 33
--type flag, bulk files, 132
type inference, 197
type value, alert boxes, 203
typeRoots option (Angular), 288
types option (Angular), 288
TypeScript
　Angular, 285–289
　installing, 198
　React, 291–293
　resources, 198
　transpiling JavaScript, 185, 197–201

U

-u flag (--userDir), 260
-U flag (Unix sockets), 32
uiHost setting, 261
unary plus (+), 94
uncaughtException, 76
underscore (_)
　in Elasticsearch, 128
　order hierarchy in nconf, 153
unit testing
　bonus tasks, 50
　data processing, 82, 85–90, 92–98
　with Mocha, 43–49, 82, 85–90, 92–98
　networking, 43–49
Unix sockets, 32, 72
UNLICENSED, 56
unlink(), 23
URIs
　data, 193
　redirection when authenticating with Google, 244
URL class, 219, 223
url(), 193
url-loader plugin, 192
URLinterface web standard, 223
URLs
　application-specific, 219, 223
　authentication with Facebook, 237
　Elasticsearch, 119–121
　Elasticsearch indices, 124

establishing HTTP endpoint with Node-RED, 267–268
hashChange navigation, 205–207
inserting a single document, 144
named route parameter in Express, 149
number of query results, 134
PUT vs. POST, 124
search API, 156
upgrading Elasticsearch bonus task, 257
url-loader plugin, 192
WebSocket, 105
use strict, 12, 199
use()
　Express Routers, 246
　middleware, 149, 226
　order, 193
　Passport, 237
useDelay, 172
user interface, *see also* Bootstrap
　async functions, 185
　authentication, 220, 227–230, 234–246, 251–252
　bonus tasks, 216
　deleting bundles, 210, 217
　errors, 252
　with Express Routers, 251–252
　forms, 212–215
　implementing views, 208–211
　listing bundles, 251–252
　listing objects in a view, 207–211
　navigation, 205–207
　separating HTML files, 200
　sign out link, 229
　templating with Handlebars, 201–204, 208, 210, 213
　transpiling JavaScript, 197–201
　webpack setup, 186–192
user object, 248
--userDir flag, 260

## V
-v flag, 260
values, collecting arrays of in parsing RDF files, 95
var, 18
variables
　avoiding var, 18
　backwardisms, 7
　configuration settings in nconf, 153
　const default, 12
　destructuring assignment, 159
　type information and Flow, 197
vendor.ts file, 286, 292
--version, 9
versions
　bundles, 179
　checking, 9
　Cheerio, 92
　Elasticsearch, 114
　esclu, 118
　Java Development Kit (JDK), 113
　jq, 126
　Mocha, 44
　Node.js, 9
　packages, 45–46
　race conditions, 179
　semantic versioning, 45–46
　specifying package, 45, 57, 118
　ØMQ, 57
views
　hashChange navigation, 205–207
　implementing, 208–211, 233
　listing objects in, 207–211

## W
walking directory tree, 102
--watch flag, 90, 104
watcher program
　bonus tasks, 24
　custom module for networking, 38–43
　help, 16
　message protocol implementation, 32–43
　networking with sockets, 29–32, 35–43
　reading and writing files asynchronously, 20–23

setup, 11–20
spawning a child process, 16–20
target, 12
terminating network connection, 31
testing networking, 36–38, 43–49
unit testing with Mocha, 43–49
ØMQ, 58–76
webpack
　about, 185–186
　Angular, 285–289
　Bootstrap, 192–197
　code splitting, 292
　extracting CSS file bonus task, 257
　extracting text bonus task, 216
　full B4 app setup, 223
　generating bundles, 190–192
　Handlebars loader plugin, 202
　installing and configuring, 186–193
　JavaScript and jQuery, 196
　listing objects in a view, 207–211
　proxies, 207
　React project, 291–293
　resources, 292
　transpiling JavaScript, 197–201
webpack dev server plugin, *see* webpack
webpack-dev-middleware module, 223
webpack.ContextReplacementPlugin, 289
webpack.config.json file, 292
WebSockets, 105
welcome() template, 203
whatwg-fetch, 209
whitespace, JSON, 34
Windows
　Redis installation, 253
　running example code, xvii
worker processes
　bonus tasks, 77
　first-joiner problem, 74
　forking, 69, 77

killing, 77
pushing and pulling messages, 73–77

write()
connection, 30, 34
serializing JSON, 34
vs. console.log(), 22

writing
data to socket, 29–32
files asynchronously, 20–23
piping files in bulk, 131

## X

XML
data extraction options, 91
extracting data with Cheerio, 91–103

xmldom, 91
XMLHttpRequest API, 209
XSS (cross-site scripting), 202

## Y

yargs, 116

## Z

ØMQ
about, 54
advantages, 54
bonus tasks, 76
clustering processes, 68–76
first-joiner problem, 74
frames, 66
installing, 54–59
limited-resource problem, 75
publishing and subscribing to messages, 58–62
pushing and pulling messages, 73–77
responding to requests, 62–66, 68–73
routing and dealing messages, 66–73
version, 57

ZeroMQ Message Transport Protocol (ZMTP), 66
zeromq module, installing, 56–59
zmq module, 59
zmq variable, 60
ZMTP (ZeroMQ Message Transport Protocol), 66

# 翻译审校名单

| 章节 | 翻译 | 审校 |
| --- | --- | --- |
| 前言 | 梅晴光 | 段鹏飞 |
| 第1章 | 梅晴光 | 段鹏飞 |
| 第2章 | 梅晴光 | 段鹏飞 |
| 第3章 | 梅晴光 | 段鹏飞 |
| 第4章 | 梅晴光 | 段鹏飞 |
| 第5章 | 杜万智 | 梅晴光 |
| 第6章 | 杜万智 | 梅晴光 |
| 第7章 | 陈琳 | 杜万智 |
| 第8章 | 纪清华 | 陈琳 |
| 第9章 | 段鹏飞 | 纪清华 |
| 第10章 | 段鹏飞 | 纪清华 |
| 附录A | 纪清华 | 陈琳 |
| 附录B | 纪清华 | 陈琳 |